トポロジカル・インデックス

フィボナッチ数からピタゴラスの三角形までをつなぐ新しい数学

Topological Index

改訂版

Haruo Hosoya
細矢治夫

日本評論社

まえがき

この本を手に取ったほとんどの人は，本書の主題であるトポロジカル・インデックスが何であるかを知らないであろう．それもそのはず，これは著者が 1971 年に化学の論文で初めて使った和製英語 (Japanese English) なのだから．

それから 30 年以上もの間，著者はもっぱらこのトポロジカル・インデックスを使って化学の問題の研究に取り組んできたのだが，次第にそれが数学のグラフ理論で重要な役割を果たすだけでなく，初等数学のいろいろな問題と密接な関係にあり，しかも代数と幾何のように，一見無関係な分野間の橋渡しに役立つことが明らかになってきた．そして今では，化学の問題は忘れて，もっぱらその数学的展開にやっきになってしまったのである．

さらに，臆面もなく，そのご利益の宣伝を，数学好きの高校生から数学の先生方にしようという企てをたててしまったのである．具体的にどんな問題が出てくるか，そのキーワードだけを列挙すると，グラフ理論はもちろん，フィボナッチ数，ルカ数，黄金比，ペル数，ペル方程式，ピタゴラスの三角形，ヘロンの三角形，連分数，オイラーの連分多項式，ディオファントスの不定方程式，直交多項式，ヤング図，平方根の有理数近似等々何でもあり，というのがその「売り」である．行列と，多項式の形式的な微分は出てくるが，基本的には高校の「数学 I」の範囲内ですべて理解できることである．

だから，まずぱらぱらとページをめくって，気になるところが見つかったら，眉につばをつけて読んでほしい．「毛虫グラフ」というおかしな代物のトポロジカル・インデックスが，代数と幾何の世界をまたにかけて大活躍することを認めてもらえれば，このえせ数学者は大満足をすることになっている．

細矢治夫

改訂版まえがき

著者がトポロジカル・インデックス の最初の論文を化学の論文誌に出したのがちょうど半世紀前の1971年，それから延々とこの仕事を続けて，2003年に『数学セミナー』，翌年に『数学文化』で日本の数学界にやっとデビューを果たし，2012年に日本評論社から『トポロジカル・インデックス』の単行本を出すことができた．それから9年近く経った今，その改訂版にこぎつけるに至ったのである．

本著の初版のあとがきに紹介はしてあるのだが，著者の作った和製英語のトポロジカル・インデックスは，その時点で既に海外の数学の世界では注目されていたのである．Wikipedia と Wolfram の MathWorld のいずれにも “topological index” と “Hosoya index” の項が設けられて，引用文献もきちんと集められていた．また Google Scholar によれば，冒頭の著者の論文の被引用数がその当時1000くらいだったのが，2020年末には1800を超えたらしい．

しかし一番驚いたのは，トルコ政府の DergiPark という公的機関から2019年の1月に *MATI* という雑誌が創刊されたことである．これは *Mathematical Aspects of Topological Indices* という数学の論文誌である．その創刊号には “The most private features of the topological index” という著者の招待論文も載っている．

自己宣伝が過ぎると周囲からの顰蹙を買う恐れがあるので，もう少し謙虚に本書の狙いと売りを御紹介したい．もともとこのトポロジカル・インデックスは，ガソリンのオクタン価に関わる化学の問題を数学的に解明しようという動機から生まれた考えなのだが，数学のグラフ理論の真っ只中でもがいているうちに，代数と幾何を結ぶ橋渡しになることが分かってきたので，改めて数学の愛好家・専門家の方々に御検討いただきたく思った次第である．しかし，この素人数学者の使える道具立ては，行列と行列式の基本と多項式の微分止まりなので，数学好きの高校生にも十分理解できる話である．フィボナッチ数，ピタゴラスの三角形，連分数などをこのインデックスでいじるうちに,「毛虫グラフ」が大事な役目を果たすことことや，特性多項式 $P_G(x)$ の等しい「等電木」を生み出す「眠り姫 (dormant)」の発見等の不思議な話にもぜひ関心を持っていただきたいと切に願っている．

特に，今回の改訂版で新たに設けた第 7 章「木グラフを支配するトポロジカル・インデックス」では，共役ポリエンを系統的に分類し，その「家系図」をつくるだけでなく，構造安定性への理解をすすめることができたことを強調したい．

細矢治夫

目 次

1 章 基本となる数列と多項式

1　フィボナッチ数とルカ数

フィボナッチ数 (列) とは，連続する二つの数を足すと次の数になるという数列の中で，特に，$1,1,2,3,5,8,13,21,\cdots$ というものである．賢い小学生でも知っているこの数列は，今から 800 年ほど前に，斜塔で有名なイタリアのピサに住んでいたレオナルド・ダ・ピサ，またの名をフィボナッチ (Fibonacci) という数学者が初めて『計算の方法 (*Liber Abaci*)』という本で紹介したものである．彼は，後の世の人がフィボナッチ数と呼んでいる数列を，次ページで紹介する「兎の増殖問題」を使って説明している．フィボナッチ数は黄金比と密接に関係していることもあり，今では，数学をやさしく面白く解説する本には必ずといってよいほど紹介されているので，たいていの読者はすでにご存じであろう．

米国のカリフォルニアには半世紀以上も前から，フィボナッチ協会というフィボナッチ数にとりつかれた数学者を中心とする学会があり，*Fibonacci Quarterly* という数学の専門雑誌を刊行したり，1 年置きに国際会議を開いたりしている．日本でも，『フィボナッチ数の小宇宙 [1]』という本を書かれた中村滋氏が，フィボナッチ集会というシンポジウムを毎年開催され，現在は大関清太氏がそれを引き継がれている．

かくいう私も，この集会の常連であり，今から何十年も前の 1973 年に「トポロジカルインデックスとフィボナッチ数，その化学への関連 [2]」，1976 年に「フィボナッチ三角 [3]」という二つの論文を *Fibonacci Quarterly* に書いた自称フィボナッチマニアの一人である．雑誌『数学セミナー』や『数学文化』にも何度かフィボナッチ数の紹介を書いている [4-6]．

さっそくフィボナッチ数列の紹介を始めよう．(1.1) 式のような漸化式に従う数列 $\{f_n\}$ を考える．

$$f_n = f_{n-1} + f_{n-2} \tag{1.1}$$

この数列の具体的な姿は，最初の 2 項が決まらなければ見えてこない．そこで，

$$f_0 = 1, \qquad f_1 = 1 \tag{1.2}$$

としたのがフィボナッチ数列である (表 1.1)．この表には，この他にルカ数 (L_n)，ペル数 (p_n)，ペル-ルカ数 (Q_n) が並べて示してある．これらの数列はフィボナッチ数と非常に密接な関わりをもっており，本書でも随所に出てくるので，あとで順に説明をしていくことにする．

n	0	1	2	3	4	5	6	7	8
f_n	1	1	2	3	5	8	13	21	34
L_n	2	1	3	4	7	11	18	29	47
p_n	1	2	5	12	29	70	169	408	985
Q_n	2	2	6	14	34	82	198	478	1154

表 1.1　フィボナッチ数 (f_n)，ルカ数 (L_n)，ペル数 (p_n)，ペル-ルカ数 (Q_n)

なお，フィボナッチ協会や大勢の数学者は，(1.2) 式の代わりに，

$$F_0 = 0, \qquad F_1 = 1 \tag{1.3}$$

でフィボナッチ数列を定義しているが[1,7]，後で示すように，図形的にも物理的にも化学的にも (1.2) の定義の方がはるかにすっきりとしているので，私はあくまでもそれにこだわっており，本書でも (1.2) の $\{f_n\}$ だけを扱う．もちろん，

$$F_n = f_{n-1} \tag{1.4}$$

で変換すれば，$\{f_n\}$ についての関係式から $\{F_n\}$ についての関係式が機械的に導かれる．

フィボナッチ数の「教祖」フィボナッチは次のようにフィボナッチ数を紹介した．図 1.1 を見てほしい．白丸は生まれたばかりの兎の「1 つがい」，つまり雄雌のカップルである．この兎は成熟が非常に早くて，生後 1 か月で大人 (黒丸) になり，その次の月から毎月「1 つがい」の子兎を産み続けると仮定す

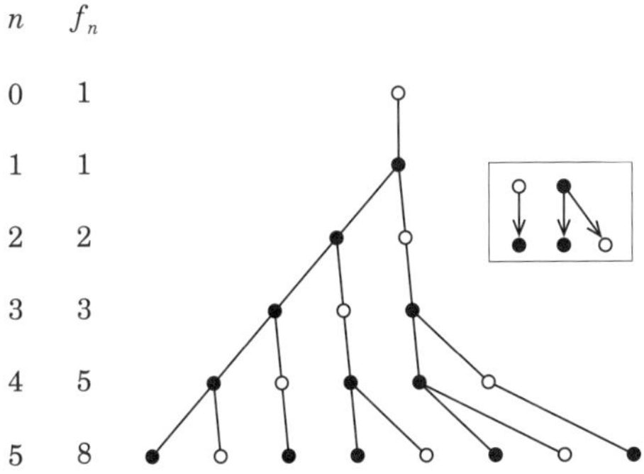

図 **1.1**

る．最初の「1 つがい」の兎が生まれてから n か月目には「何つがい」になるか，という問題である．

1 か月で白丸 (赤ん坊) は黒丸 (親) になる．黒丸はその後毎月白丸 1 個を増やす．そういう規則で図 1.1 は描かれている．つまり，n か月目の黒丸は，1 か月前の丸の総数に等しく，白丸の方は 1 か月前の黒丸，すなわち 2 か月前の丸の総数に等しい．これは，(1.1) 式にほかならない．そして，スタート時点と 1 か月目の丸の総数は (1.2) 式に与えられている．したがって各月の兎のつがいの数は表 1.1 の f_n のように得られるわけである．

また，次のような問題も考えてみよう．日本間には 1×2 の長方形の畳が隙間なく敷き詰められている．4 畳半，6 畳，8 畳，10 畳等が標準的な大きさであるが，ここでは図 1.2 のような，細長い n 畳の部屋，つまり $2\times n$ という

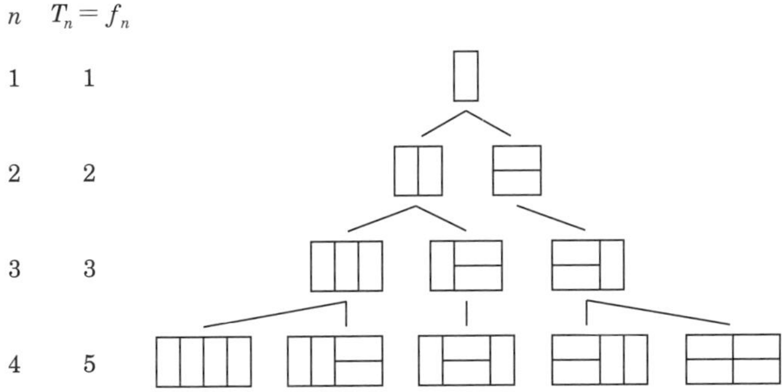

図 **1.2**

長方形の「ウナギの寝床」のような部屋を考えて，それぞれの畳の敷き方の数を数えてみよう．4 畳 ($n=4$) までの結果を見ると，$2\times n$ の部屋の畳の敷き方の数 T_n はフィボナッチ数 f_n に等しくなっている．

なお図 1.2 には，隣り合う n どうしのパターンの間に線が描き加えられてあるが，それは図 1.1 と対応させるためのものである．この二つの図を並べてじっくりと吟味すると，$T_n=f_n$ のからくりがわかる．

すなわち，n 畳の部屋のある畳の敷き方の右端が  のようになっている場合は，その右側に 1 畳増やすために  を置くことしかできない．そのことが図 1.1 の  という図に対応する．それに対して，右側が  の場合は， を 1 枚追加するのと，右端の  を取り去って  を置く二通りが可能で，それが  という図で表されるわけである．

なお，ドミノの板も 1×2 の長方形なので，畳をドミノに置き換えて同じ問題を考えることができる．そのため，このような畳の敷き方を数える問題のことをドミノ・タイリングともいう．

次に図 1.3 を見てほしい．これは，正方形を n 個 1 列に並べてできる図形 (頂点の数は $2n+2$ 個) から互いに隣り合わない $(n+1)$ 本の辺を選ぶ組合せの数 K_n を数える図である．グラフ理論では，これはマッチング問題あるいは 1 因子の問題といわれている．

n	$K_n=f_{n+1}$
0	1
1	2
2	3
3	5

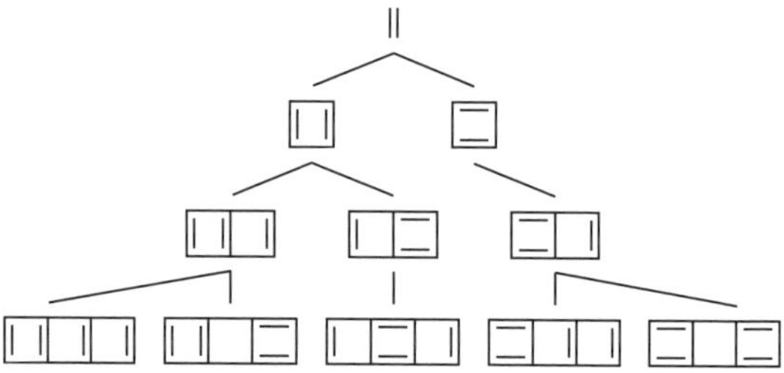

図 1.3

もとの正方形の辺はすべて 1 本の線で描かれているが，選ばれた辺は 2 重線で表してある．また，直線状の n 個の正方形の列の右端から「コ」の字を除くと，正方形は $(n-1)$ 個になる．この過程を n 回繰り返すと，図 1.3 の一番上にある縦棒 1 本が残る．

よく見るとこの図は，K_n が f_{n+1} に等しいことを示している．図 1.2 と図 1.3 との対比がわかれば，$K_n = f_{n+1}$ のからくりがわかるであろう．

これと同じようなことを実は化学者も昔からやっていた．図 1.4 の $n = 0 \sim 3$ はそれぞれ，エチレン，ベンゼン，ナフタレン，フェナントレンという「不飽和共役炭化水素」と呼ばれる分子の，炭素原子骨格部分だけを表したもの (ケクレ (Kekulé) 構造式) をすべて描きあげたものである．ケクレ構造式の数 K_n も f_{n+1} に等しくなっていることに注目してほしい．

n	$K_n = f_{n+1}$
0	1
1	2
2	3
3	5

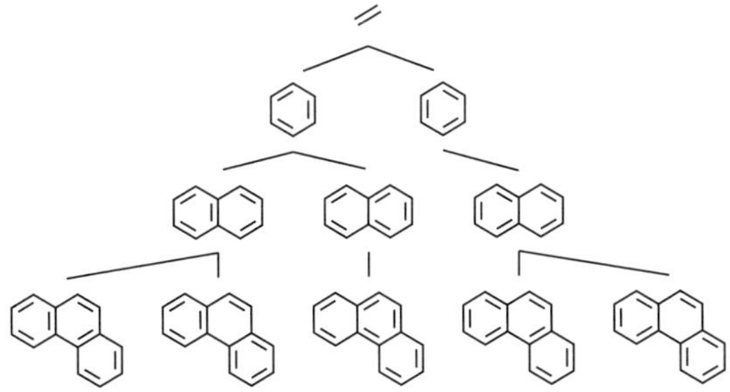

図 **1.4**

固体物理では，同種類の原子が正方形を敷きつめたような表面構造をもつ金属の結晶に O_2(酸素分子) のような 2 原子分子が吸着するパタンを数える問題を dimer statistics (2 量体の統計力学) と呼び，多くの研究者がとりこになっている．この問題や，「反強磁性体のスピンの分配関数」を求める問題も，図 1.2 や 1.3 の問題と数学的に等価である．

このように，さまざまな種類の問題がグラフの数え上げという数学的に共通の問題になっていて，その結果として，フィボナッチ数がいろいろなところに顔を出すことになるのである．

次に，初期値を

$$L_0 = 2, \qquad L_1 = 1 \tag{1.5}$$

として，(1.1) と同じ漸化式に従うルカ数列 $\{L_n\}$ を定義する (表 1.1)．なお，f_n と L_n のいずれの数列も，(1.1) 式を使って n を負の方に延ばしても定義されることに気がつくであろう．しかし，本書では n が非負のものを主に扱うので，これ以上の説明は省略する．

このルカ数列はフィボナッチ数列を使って

$$L_n = f_n + f_{n-2} \tag{1.6}$$

のようにも表されるし，

$$5F_n = L_{n+1} + L_{n-1} \tag{1.7}$$

という関係も知られている．このように，フィボナッチ数とルカ数は互いに行き来ができるようになっている．これらの関係は数学的帰納法によって証明されるので，読者も自分で確かめてみられることをすすめる．ここではルカ数の図式的表現を紹介しておこう．図 1.5 を見てほしい．

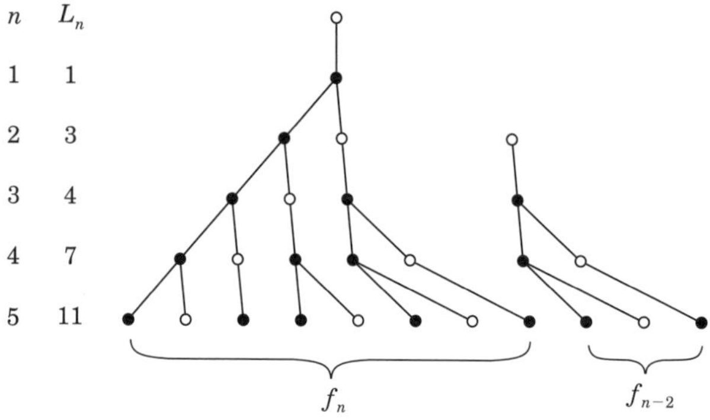

図 1.5

図 1.1 の「フィボナッチ兎」のつがいが初めて小兎を産んだ二か月目に，もう一つがいの小兎がやってきたと考えよう．ただし，彼らの間にはしっかりとしたフェンスがあり，相手の領域には決して侵入できないようになっていて，それぞれの王国の中で図 1.1 に説明した規則に従って子供を産み続けているとする．すると，この二つの兎の王国の合計のつがいの数は $f_n + f_{n-2}$ になる．すなわち (1.6) 式によって，これはルカ数にほかならない．ただしこの場合，$L_0 = 2$ や負の n に対するルカ数の図形的意味は不問にする．

2　ペル数とペル-ルカ数

フィボナッチ数もルカ数も (1.1) という共通の漸化式をもっている．ここではその代わりに，(1.8) のような漸化式をもつ数列を考えてみよう．

$$f_n = 2f_{n-1} + f_{n-2}. \tag{1.8}$$

それには初期値が必要になる．そこで少し恣意的だが

$$p_0 = 1, \qquad p_1 = 2 \tag{1.9}$$

と

$$Q_0 = 2, \qquad Q_1 = 2 \tag{1.10}$$

という二つの数列を考えることにする．これらに漸化式 (1.8) を当てはめて求めた数列 $\{p_n\}$ と $\{Q_n\}$ も表 1.1 に与えてある．それぞれは，ペル数およびペル-ルカ数 (または companion Pell number) という名前がすでに与えられている．負の n についての値も機械的に求まるが，ここでは議論しない．

また，ここでもペル数については広く使われている初期値

$$P_1 = 1, \qquad P_2 = 2 \tag{1.11}$$

は使わずに (1.9) にこだわることにする．その理由はおいおい納得されるようになるはずである．

この一対の数列がフィボナッチ数とルカ数の対と関係がありそうだということは，それぞれの漸化式 (1.8) と (1.1) のかたちの類似性からある程度の推測がつくだろうが，これらの間の関係がきわめて深いということは，一般にはあまり知られていない．本書の主題であるトポロジカル・インデックス (topological index) を使うと，この関係の深さはさらに強く認識されるのだが，本章ではあえてトポロジカル・インデックス抜きでいろいろな関係を紹介することにする．

なお，二組の 2 行 2 列の行列を使うと，この四つの数列は次のように表すこともできる．

$$\begin{pmatrix} f_n \\ f_{n-1} \end{pmatrix} = \begin{pmatrix} 1 & 1 \\ 1 & 0 \end{pmatrix}^n \begin{pmatrix} 1 \\ 0 \end{pmatrix} \tag{1.12}$$

$$\begin{pmatrix} L_n \\ L_{n-1} \end{pmatrix} = \begin{pmatrix} 1 & 1 \\ 1 & 0 \end{pmatrix}^n \begin{pmatrix} 2 \\ -1 \end{pmatrix} \tag{1.13}$$

$$\begin{pmatrix} p_n \\ p_{n-1} \end{pmatrix} = \begin{pmatrix} 2 & 1 \\ 1 & 0 \end{pmatrix}^n \begin{pmatrix} 1 \\ 0 \end{pmatrix} \tag{1.14}$$

$$\begin{pmatrix} Q_n \\ Q_{n-1} \end{pmatrix} = \begin{pmatrix} 2 & 1 \\ 1 & 0 \end{pmatrix}^n \begin{pmatrix} 2 \\ -2 \end{pmatrix} \tag{1.15}$$

ここで，各数列の $n=0,-1$ での値が右辺の列ベクトルの中に生きていることに注意しよう．また，n に負の整数を入れてもこれらの式は正しい．

3　ド・モアブル-ビネの公式と黄金比

(1.12)〜(1.15) に出てきた二つの行列の固有値はそれぞれ次のように得られることがわかる．

$$\begin{vmatrix} 1-x & 1 \\ 1 & -x \end{vmatrix} = x^2-x-1=0 \tag{1.16}$$

の 2 根として，

$$\alpha=\frac{1+\sqrt{5}}{2}=1.61803\cdots, \qquad \beta=\frac{1-\sqrt{5}}{2}=-0.61803\cdots, \tag{1.17}$$

および

$$\begin{vmatrix} 2-x & 1 \\ 1 & -x \end{vmatrix} = x^2-2x-1=0 \tag{1.18}$$

の 2 根として，

$$\gamma=1+\sqrt{2}=2.41421\cdots, \qquad \delta=1-\sqrt{2}=-0.41421\cdots. \tag{1.19}$$

そして，これらの根を使うと，この四つの数列の一般式が次のように得られることがわかる．

$$f_n=\frac{\alpha^{n+1}-\beta^{n+1}}{\sqrt{5}}, \tag{1.20}$$

$$L_n=\alpha^n+\beta^n, \tag{1.21}$$

$$p_n=\frac{\gamma^{n+1}-\delta^{n+1}}{2\sqrt{2}}, \tag{1.22}$$

$$Q_n=\gamma^n+\delta^n. \tag{1.23}$$

(1.20) 式だけをあらためて書くと，

$$f_n=\frac{\left(\dfrac{1+\sqrt{5}}{2}\right)^{n+1}-\left(\dfrac{1-\sqrt{5}}{2}\right)^{n+1}}{\sqrt{5}} \tag{1.20$'$}$$

という複雑な式になるが，これは，n に 0 も含めて正負のどんな整数を入れても，常に整数になるという面白い式である．他の三つの式も同様の性質をもっている．

なお，α は黄金比 (golden mean) とか黄金数 (golden number) と呼ばれ，記号 τ や ϕ で表されることが多い [1,8]．本書では τ を用いる．

$$\tau = \frac{1+\sqrt{5}}{2} = 1.61803\cdots. \tag{1.24}$$

一方 γ は白銀数 (silver number)，$\sqrt{2} = \gamma - 1$ は白銀比 (silver mean) と呼ばれてまぎらわしいので，ここでは上の γ を記号 θ で表すことにする．

$$\theta = 1+\sqrt{2} = 2.41421\cdots. \tag{1.25}$$

フィボナッチ数の一般式 (1.20′) は，フィボナッチの死後五百年も経ってからフランスのド・モアブル (A. de Moivre) が，さらにその百年後に同じフランスのビネ (J.-P.-M. Binet) がそれぞれ独立に見つけたものである．ところが，今では多くの人がビネの公式と呼んでしまっているので，ド・モアブルにとっては気の毒な状況にあるということを付け加えておこう [1]．

さて，$\alpha, \gamma > 1$ で，かつ $|\beta|, |\delta| < 1$ だから，n が大きくなるとともに，この 4 数列の比はそれぞれ

$$\frac{f_{n+1}}{f_n}, \frac{L_{n+1}}{L_n} \to \tau \qquad (n \to \infty) \tag{1.26}$$

$$\frac{p_{n+1}}{p_n}, \frac{Q_{n+1}}{Q_n} \to \theta \qquad (n \to \infty) \tag{1.27}$$

という極限値に急速に近づく．つまり n が大きくなるとともに，フィボナッチ数とルカ数は公比が黄金比で，ペル数とペル-ルカ数は公比が θ の等比級数に無限に近づいていくのである．

厳密ではないが，(1.26) は次のようにしても納得できる．

漸化的な定義式 (1.1) を使えば，

$$\frac{f_{n+1}}{f_n} = \frac{f_n + f_{n-1}}{f_n} = 1 + \frac{f_{n-1}}{f_n} = 1 + \cfrac{1}{\cfrac{f_n}{f_{n-1}}} \tag{1.28}$$

が得られる．左辺の収束値を x とおけば，n が無限大のところで，

$$x = 1 + \frac{1}{x},$$

すなわち (1.16) が導かれる．この議論をさらに進めると連分数が出てくるのだが，それについては次節で説明する．

面白いことに，図 1.6 に示すように，τ は正五角形と，θ は正八角形と密接な関係にある．

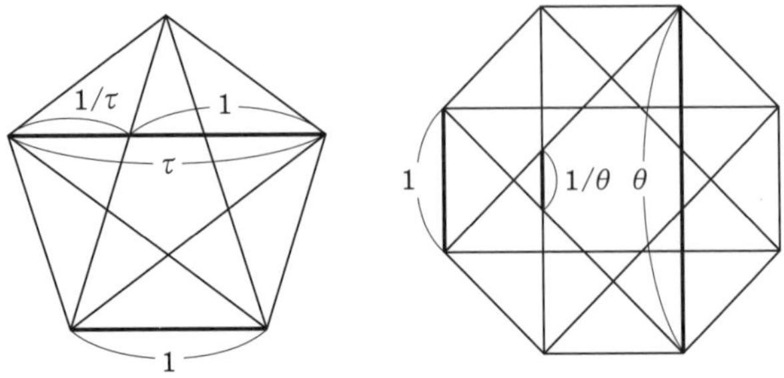

図 1.6

これまでに紹介したことでは，フィボナッチ数とルカ数の対が，ペル数とペル-ルカ数の対と互いに向き合っているような関係にあるように思われたかもしれないが，1.5 節に示すように，チェビシェフ多項式の中では，この二組の数列は互いに兄弟のように密接な関係でつながっている．

4　連分数と連分多項式

先の (1.28) の関係を繰り返し続けると，

$$\frac{f_{n+1}}{f_n} = 1+\cfrac{1}{1+\cfrac{1}{1+\cfrac{f_{n-2}}{f_{n-3}}}} = \cdots = 1+\cfrac{1}{1+\cfrac{1}{1+\cfrac{1}{\ddots\,\cfrac{}{1+\cfrac{f_1}{f_0}}}}} \tag{1.29}$$

に行きつく．

$f_1/f_0 = 1/1$，$f_2/f_1 = 2/1$ であるから，上の関係は

$$\frac{f_{n+1}}{f_n} = 1+\cfrac{1}{\underbrace{1+\cfrac{1}{1+\cfrac{1}{\ddots\,\cfrac{}{1+\cfrac{1}{1}}}}}_{n}} = 1+\cfrac{1}{\underbrace{1+\cfrac{1}{1+\cfrac{1}{\ddots\,\cfrac{}{1+\cfrac{1}{2}}}}}_{n-1}} \tag{1.30}$$

のように書ける．これがフィボナッチ数の連分数表現である．今の数学教育

では連分数はほとんどといってよいほど無視されているので，連分数未体験の人はぜひ自分の手でこの式を確認してほしい．

連分数は，一般に $\dfrac{a}{b+\dfrac{c}{d+\dfrac{e}{f}}}$ のように分子にも 1 以外の数が入るが，本書では分子をすべて 1 とした

$$a_0+\cfrac{1}{a_1+\cfrac{1}{a_2+\ddots\cfrac{1}{a_n}}}=[a_0;a_1,a_2,\cdots,a_n] \tag{1.31}$$

という単純連分数だけを扱う．右辺は連分数の簡略記号である．ここで，すべての a_k は正の整数である．ただし，a_0 はこの数の整数部分を表すので，その後にだけセミコロンをつけて他と区別している．すべての既約な有理数 $(p/q>0)$ は，n が有限の単純連分数で表される．

なお (1.31) のような書き方は場所をとるので，$a_0+\dfrac{1}{a_1+}\dfrac{1}{a_2+}\cdots+\dfrac{1}{a_n}$ のように書くことも認められている．本書でも随所でそれにならうことにした．

例として 162/31 を考えよう．まず最初に商として 5 が立ち，余りが 7 であるから

$$\frac{162}{31}=5+\frac{7}{31}$$

である．この 7/31 の分母と分子を入れ替えると，

$$\frac{31}{7}=4+\frac{3}{7}$$

となる．この操作を続けて余りが 0 になったところで止める．

$$\frac{7}{3}=2+\frac{1}{3}, \qquad \frac{3}{1}=3+0$$

こうして得られた商の数列は (5,4,2,3) で．それらを使って

$$\frac{162}{31}=5+\frac{1}{4+}\frac{1}{2+}\frac{1}{3}=[5;4,2,3] \tag{1.32}$$

という 162/31 の連分数表現が得られる．

フィボナッチ数の比を表す連分数 (1.29) は合計 $n+1$ 個の 1 を使って $[1;1,1,\cdots,1]$ と書けるが，そのすべての 1 の代わりに 2 を入れてみると，

$$2, \qquad 2+\frac{1}{2}=\frac{5}{2}, \qquad 2+\frac{1}{2+}\frac{1}{2}=\frac{12}{5}, \qquad \cdots$$

のように，

$$2,\ 5,\ 12,\ 29,\ 70,\ \cdots$$

という数列が出てくる．これはペル数にほかならない．つまり，

$$\frac{p_{n+1}}{p_n}=2+\underbrace{\frac{1}{2+}\frac{1}{2+}\cdots+\frac{1}{2+}\frac{1}{2}}_{n}=[2;\underbrace{2,2,\cdots,2}_{n}] \tag{1.33}$$

というペル数の比の連分数表現が得られた．なお，ルカ数とペル-ルカ数の比についても連分数表現が得られるが，あまりきれいな式にはならない．

なお，一番最後の分母 a_n が 1 より大きな値になっている連分数については

$$\frac{1}{a_n}=\cfrac{1}{(a_n-1)+\cfrac{1}{1}}$$

のように割算の記号を一つ増やすことができる．その場合，$a_{n+1}=1$ となる．しかし，このような細工が必要になるのは，この後に出てくるフィボナッチ数とルカ数，および第 5 章のディオファントスの不定方程式の解法のときくらいなので，本書のそれ以外の場所では $a_n>1$ と統一する．

ここに示した連分数は，すべて有理数についての表現であるが，無理数，特に平方根も無限連分数を使ってきれいに表すことができ，それによって整数論のいろいろな問題がきれいに処理される．それについては，第 4 章で詳しく解説する．

連分数は整数論の発展の歴史の中でも重要な役割を果たしてきているが，その書き表し方，求め方，さらには連分数を有理数に戻す手続きもかなり厄介である．それに関しオイラーは連分多項式 (continuant) というものを考えて，計算の簡略化や理論の見通しの向上に貢献した．しかし，現在は種々の数学事典にも載っていないし，ネット上にも役に立つ解説が見られないのは残念である．なお，高木貞治の『初等整数論講義』には，どういうわけか，これがガウスの考えたものとして紹介されている[9]．ガウスはオイラーより少し後の時代に活躍した人である．

ここで，連分多項式 $K_n(x_1,x_2,\cdots,x_n)$ の紹介を始めよう[10-12]．ここですべての変数 x は正の整数である．

K_n は，K_0 と K_1 を初期値として次のように漸化的に定義される．

$$K_0(\ ) = 1,$$

$$K_1(x_1) = x_1,$$

$$K_n(x_1, x_2, \cdots, x_n)$$

$$= x_n K_{n-1}(x_1, x_2, \cdots, x_{n-1}) + K_{n-2}(x_1, x_2, \cdots, x_{n-2}). \tag{1.34}$$

この定義によれば，K_2, K_3, K_4 はそれぞれ次のように表される．

$$K_2(x_1, x_2) = x_1 x_2 + 1,$$

$$K_3(x_1, x_2, x_3) = x_1 x_2 x_3 + x_1 + x_3,$$

$$K_4(x_1, x_2, x_3, x_4) = x_1 x_2 x_3 x_4 + x_1 x_2 + x_1 x_4 + x_3 x_4 + 1.$$

証明は省略するが，K_n は次のように鏡映対称の性質をもつことがわかる．

$$K_n(x_1, x_2, \cdots, x_n) = K_n(x_n, x_{n-1}, \cdots, x_1) \tag{1.35}$$

$$K_n(x_1, x_2, \cdots, x_n)$$

$$= x_1 K_{n-1}(x_2, x_3, \cdots, x_n) + K_{n-2}(x_3, x_4, \cdots, x_n). \tag{1.36}$$

さらに，K_n は次のような行列式で表すこともできる．

$$K_n(x_1, x_2, \cdots, x_n) = \begin{vmatrix} x_1 & 1 & 0 & 0 & \cdots & 0 \\ -1 & x_2 & 1 & 0 & \cdots & 0 \\ 0 & -1 & x_3 & 1 & \cdots & 0 \\ \vdots & \vdots & \vdots & \ddots & \vdots & \vdots \\ 0 & 0 & \cdots & -1 & x_{n-1} & 1 \\ 0 & 0 & \cdots & 0 & -1 & x_n \end{vmatrix}. \tag{1.37}$$

さて，任意の有理数 $R = p/q$ は，(1.32) で見たように連分数 $R = [x_0; x_1, x_2, \cdots, x_n]$ で表される．そうして得られた $(x_0, x_1, \cdots, x_n)$ を使うと，K_n によって R は次のように表すことができる．

i) $R > 1$ のとき，

$$R = \frac{K_{n+1}(x_0, x_1, \cdots, x_n)}{K_n(x_1, x_2, \cdots, x_n)}, \tag{1.38}$$

ii) $R < 1$ のとき，

$$R = \frac{K_{n-1}(x_2, x_3, \cdots, x_n)}{K_n(x_1, x_2, \cdots, x_n)}. \tag{1.39}$$

たとえば，(1.32) の連分数は，

$$[5;4,2,3] = \frac{K_4(5,4,2,3)}{K_3(4,2,3)}$$
$$= \frac{5\times4\times2\times3+5\times4+5\times3+2\times3+1}{4\times2\times3+4+3} = \frac{162}{31}$$

のように表されるわけである．(1.38), (1.39) は数学的帰納法で容易に示せるので各自試されたい．

また，この連分多項式を使えば，フィボナッチ数 f_n とペル数 p_n はそれぞれ，

$$f_n: \ K_0(\ ) = 1, \quad K_1(1) = 1, \quad K_2(1,1) = 2, \quad K_3(1,1,1) = 3, \quad \cdots$$
$$p_n: \ K_0(\ ) = 1, \quad K_1(2) = 2, \quad K_2(2,2) = 5, \quad K_3(2,2,2) = 12, \quad \cdots$$

のように表すことができる．他の数列も同様に表されることがわかり，

$$f_n = K_n(1,1,\cdots,1) \tag{1.40}$$
$$L_n = K_n(1,2,1,\cdots,1) \tag{1.41}$$
$$p_n = K_n(2,2,\cdots,2) \tag{1.42}$$
$$Q_n = 2K_n(1,2,\cdots,2) \tag{1.43}$$

のように美しい表現が得られる．　ここで，どの K_n の中の要素 1 と 2 の総数も n 個となっている．

このように，連分多項式はきれいで便利に見えるが，与えられた $K_n(x_1, x_2,\cdots,x_n)$ を数値に戻すためには，右端か左端の一方から反対側まで順々に計算していくほかはない．それはちょうど，与えられた連分数を有理数に戻す場合と同様に，有用な漸化式がないからである．このいずれの問題も，第 2 章で示すように，トポロジカル・インデックスを使うことによってはるかに簡単な計算で解決することができるのである．計算も簡単にできるし，幾何学的な意味合いも持つという両面において，このトポロジカル・インデックスは連分多項式より優れているのである．

5　チェビシェフ多項式

チェビシェフ多項式には第 1 種と第 2 種の二通り，またそれぞれに変形のものがある．それらの定義式にも実に多様なバラエティがあるが，漸化的なものが一番簡単なので，それから紹介しよう．

最も標準的なチェビシェフ多項式の第1種および第2種は，それぞれ $T_n(x)$ と $U_n(x)$ で表され [13-18]，次のように共通な漸化式に従っている．

$$\phi_n(x) = 2x\phi_{n-1}(x) - \phi_{n-2}(x) \qquad (\phi \text{ は } T,U \text{ のいずれか}), \tag{1.44}$$

初期値はそれぞれ，

$$T_0(x) = 1, \qquad T_1(x) = x, \tag{1.45}$$

$$U_0(x) = 1, \qquad U_1(x) = 2x \tag{1.46}$$

である．n の値が小さなものについて，表1.2 にまとめて示してある．$T_n(x)$ と $U_n(x)$ は，いずれも n 次の項から始まり，2ずつ降べきし，係数の符号は正負が交互に現れる．すべての項の符号を正にしたものを，$T_n^*(x)$ と $U_n^*(x)$ で表すことにする．それらの漸化式は

$$\phi_n(x) = 2x\phi_{n-1}(x) + \phi_{n-2}(x) \qquad (\phi \text{ は } T^*,U^* \text{ のいずれか}) \tag{1.47}$$

となる．T^* と U^* は第4章で重要な役割を果たすので記憶にとどめておいてほしい．また，T,U の定義には若干異なるものがあるから気をつけてほしい．

次に，第1種と第2種の変形チェビシェフ多項式 $C_n(x)$ と $S_n(x)$ は

$$C_n(x) = 2T_n\left(\frac{x}{2}\right) \qquad (\text{第1種変形}) \tag{1.48}$$

$$S_n(x) = U_n\left(\frac{x}{2}\right) \qquad (\text{第2種変形}) \tag{1.49}$$

のように定義される [13-15]．それらの n の小さなものについては表1.3 に示してある．

$T_0(x) = 1$	$U_0(x) = 1$
$T_1(x) = x$	$U_1(x) = 2x$
$T_2(x) = 2x^2 - 1$	$U_2(x) = 4x^2 - 1$
$T_3(x) = 4x^3 - 3x$	$U_3(x) = 8x^3 - 4x$
$T_4(x) = 8x^4 - 8x^2 + 1$	$U_4(x) = 16x^4 - 12x^2 + 1$
$T_5(x) = 16x^5 - 20x^3 + 5x$	$U_5(x) = 32x^5 - 32x^3 + 6x$
$T_6(x) = 32x^6 - 48x^4 + 18x^2 - 1$	$U_6(x) = 64x^6 - 80x^4 + 24x^2 - 1$
$T_7(x) = 64x^7 - 112x^5 + 56x^3 - 7x$	$U_7(x) = 128x^7 - 192x^5 + 80x^3 - 8x$
$T_8(x) = 128x^8 - 256x^6 + 160x^4 - 32x^2 + 1$	$U_8(x) = 256x^8 - 448x^6 + 240x^4 - 40x^2 + 1$

表 1.2　第1種および第2種チェビシェフ多項式

$C_0(x) = 2$	$S_0(x) = 1$
$C_1(x) = x$	$S_1(x) = x$
$C_2(x) = x^2 - 2$	$S_2(x) = x^2 - 1$
$C_3(x) = x^3 - 3x$	$S_3(x) = x^3 - 2x$
$C_4(x) = x^4 - 4x^2 + 2$	$S_4(x) = x^4 - 3x^2 + 1$
$C_5(x) = x^5 - 5x^3 + 5x$	$S_5(x) = x^5 - 4x^3 + 3x$
$C_6(x) = x^6 - 6x^4 + 9x^2 - 2$	$S_6(x) = x^6 - 5x^4 + 6x^2 - 1$
$C_7(x) = x^7 - 7x^5 + 14x^3 - 7x$	$S_7(x) = x^7 - 6x^5 + 10x^3 - 4x$
$C_8(x) = x^8 - 8x^6 + 20x^4 - 16x^2 + 2$	$S_8(x) = x^8 - 7x^6 + 15x^4 - 10x^2 + 1$

表 1.3　第 1 種および第 2 種変形チェビシェフ多項式

$C_0^*(x) = 2$	$S_0^*(x) = 1$
$C_1^*(x) = x$	$S_1^*(x) = x$
$C_2^*(x) = x^2 + 2$	$S_2^*(x) = x^2 + 1$
$C_3^*(x) = x^3 + 3x$	$S_3^*(x) = x^3 + 2x$
$C_4^*(x) = x^4 + 4x^2 + 2$	$S_4^*(x) = x^4 + 3x^2 + 1$
$C_5^*(x) = x^5 + 5x^3 + 5x$	$S_5^*(x) = x^5 + 4x^3 + 3x$
$C_6^*(x) = x^6 + 6x^4 + 9x^2 + 2$	$S_6^*(x) = x6 + 5x^4 + 6x^2 + 1$
$C_7^*(x) = x^7 + 7x^5 + 14x^3 + 7x$	$S_7^*(x) = x^7 + 6x^5 + 10x^3 + 4x$
$C_8^*(x) = x^8 + 8x^6 + 20x^4 + 16x^2 + 2$	$S_8^*(x) = x^8 + 7x^6 + 15x^4 + 10x^2 + 1$

表 1.4　第 1 種および第 2 種変形星付チェビシェフ多項式

変形の $C_n(x)$ と $S_n(x)$ についての漸化式は

$$\phi_n(x) = x\phi_{n-1}(x) - \phi_{n-2}(x) \quad (\phi \text{ は } C, S \text{ のいずれか}) \tag{1.50}$$

となっている．それらの初期値は，それぞれ，次のようになっている．

$$C_0(x) = 2, \qquad C_1(x) = x, \tag{1.51}$$

$$S_0(x) = 1, \qquad S_1(x) = x. \tag{1.52}$$

また変形の $C_n(x)$ と $S_n(x)$ についても，すべての項の符号を正にしたものを，それぞれ $C_n^*(x)$ と $S_n^*(x)$ で表すことにする [19]．それらの漸化式は

$$\phi_n(x) = x\phi_{n-1}(x) + \phi_{n-2}(x) \quad (\phi \text{ は } C^*, S^* \text{ のいずれか}) \tag{1.53}$$

となる．この二つの多項式は大事なので表 1.4 に示した．

n	0	1	2	3	4	5	6	数列の名前
$S_n^*(1)$	1	1	2	3	5	8	13	フィボナッチ
$S_n^*(2)$	1	2	5	12	29	70	169	ペル
$S_n^*(3)$	1	3	10	33	109	360	1189	——
$C_n^*(1)$	2	1	3	4	7	11	18	ルカ
$C_n^*(2)$	2	2	6	14	34	82	198	ペル-ルカ
$C_n^*(3)$	2	3	11	36	119	393	1298	——

表 1.5　$S_n^*(x)$ と $C_n^*(x)$ からいろいろな数列が出てくる

ここで，$C_n^*(x)$ と $S_n^*(x)$ の x に 1, 2, 3 を代入した値を表 1.5 にまとめてみた.

何と表 1.1 にあるすべての数列が変形星付チェビシェフ多項式 C^* と S^* の中に隠されているではないか. すなわち,

$$f_n = S_n^*(1) \tag{1.54}$$

$$L_n = C_n^*(1) \tag{1.55}$$

$$p_n = S_n^*(2) \tag{1.56}$$

$$Q_n = C_n^*(2). \tag{1.57}$$

これは，左辺の数列の漸化式と $C_n^*(x), S_n^*(x)$ の漸化式を比べて示すことができる.

ところで，$C_n^*(3)$ と $S_n^*(3)$ に当たる数列が表 1.1 にはないが，それはどういう数列なのだろうかという疑問が生ずる. その答えは，トポロジカル・インデックスを学んでからのお楽しみということにしよう. 図 4.12 にそのヒントがあるので考えてほしい. なお，$U_n^*(1)$ からもペル数が出てくるし，$T_n^*(1)$ からはペル-ルカ数の半分の half-companion Pell number が出てくる. すなわち,

$$U_n^*(1) = S_n^*(2) = p_n \tag{1.58}$$

$$2T_n^*(1) = C_n^*(2) = Q_n \tag{1.59}$$

いろいろと試してみれば，面白いことがどんどん出てきそうな気がする. 一体，この打ち出の小槌のようなチェビシェフ多項式というのは何者なのだろ

うか．とりあえずここでは，あまり深入りをせずに最小限の説明に止めることにしよう．

$\{\sin n\theta\}$ と $\{\cos n\theta\}$ は「直交関数系」と呼ばれるものになっているが，チェビシェフ多項式の第 1 種も第 2 種も代表的な直交関数系である．特に，第 1 種の方は $\cos n\theta$ そのもので，

$$T_n(\cos\theta) = \cos n\theta \tag{1.60}$$

となる多項式 T_n としても定義される．数学の公式集に載っている余弦の n 倍角の公式

$$\cos n\theta = \sum_{k=0}^{\lfloor n/2 \rfloor} \frac{(-1)^k n}{2(n-k)} \binom{n-k}{k} (2\cos\theta)^{n-2k} \tag{1.61}$$

を使えば ($\lfloor x \rfloor$ は x 以下の整数のうち最大のものを表す記号である)，$\cos n\theta$ は $\cos\theta$ の多項式になるので，それを

$$x = \cos\theta \tag{1.62}$$

によって x の多項式に書き表したのが表 1.1 の $T_n(x)$ である．これが漸化式 (1.44) をみたすことを確認してみてほしい．

第 2 種の $U_n(x)$ の方は，正弦の n 倍角の公式

$$\sin n\theta = \sin\theta \sum_{k=0}^{\lfloor (n-1)/2 \rfloor} (-1)^k \binom{n-k-1}{k} (2\cos\theta)^{n-2k-1} \tag{1.63}$$

を利用して，

$$U_n(\sin\theta) = \frac{\sin(n+1)\theta}{\sin\theta} \tag{1.64}$$

を計算し，(1.62) の置き換えによって x の多項式に表したものである．なお，(1.61) と (1.63) の中にある記号 $\binom{n}{k}$ は n 個のものの中から k 個のものを選ぶ組合せの数

$$\binom{n}{k} = \frac{n!}{k!(n-k)!} = {}_n\mathrm{C}_k \tag{1.65}$$

を表す万国共通の記号である．わが国の初等数学教育で使われている (1.65) の最右辺の記号は多くの国では通用しない．そういうわけで，本書では国際的な最左辺の記号を使うことにする．

以上の結果を使えば，$T_n(x)$ と $U_n(x)$ の一般式を次のように表すことがで

きる．

$$T_n(x) = \frac{n}{2}\sum_{k=0}^{\lfloor n/2\rfloor}\frac{(-1)^k}{n-k}\binom{n-k}{k}(2x)^{n-2k}, \tag{1.66}$$

$$U_n(x) = \sum_{k=0}^{\lfloor n/2\rfloor}(-1)^k\binom{n-k}{k}(2x)^{n-2k}, \tag{1.67}$$

$$C_n(x) = \sum_{k=0}^{\lfloor n/2\rfloor}(-1)^k\frac{n}{n-k}\binom{n-k}{k}x^{n-2k}, \tag{1.68}$$

$$S_n(x) = \sum_{k=0}^{\lfloor n/2\rfloor}(-1)^k\binom{n-k}{k}x^{n-2k}. \tag{1.69}$$

同様に，$C_n^*(x)$ と $S_n^*(x)$ の一般式はもっとすっきりした

$$C_n^*(x) = \sum_{k=0}^{\lfloor n/2\rfloor}\frac{n}{n-k}\binom{n-k}{k}x^{n-2k} \tag{1.70}$$

$$S_n^*(x) = \sum_{k=0}^{\lfloor n/2\rfloor}\binom{n-k}{k}x^{n-2k} \tag{1.71}$$

と表すことができる．

さらに，(1.54)〜(1.57) を用いて

$$f_n = \sum_{k=0}^{\lfloor n/2\rfloor}\binom{n-k}{k} \tag{1.72}$$

$$L_n = \sum_{k=0}^{\lfloor n/2\rfloor}\frac{n}{n-k}\binom{n-k}{k} \tag{1.73}$$

$$p_n = \sum_{k=0}^{\lfloor n/2\rfloor}2^{n-2k}\binom{n-k}{k} \tag{1.74}$$

$$Q_n = \sum_{k=0}^{\lfloor n/2\rfloor}\frac{n\,2^{n-2k}}{n-k}\binom{n-k}{k} \tag{1.75}$$

というきれいな結果も得ることができる．

この中の (1.72) と (1.73) についてはだいぶ前から知られていたのだが，単に代数の世界の中の数学的関係に過ぎなかった．それが，第 2 章に示すようにトポロジカル・インデックスを使うと各項の図形的意味がはっきりする．それについてはしばしお待ちいただきたい．

なお，$T_n(x)$ と $U_n(x)$ は，それぞれ次のように定義することもできる．

$$T_n(x)=\frac{1}{2}\left[\left(x+\sqrt{x^2-1}\right)^n+\left(x-\sqrt{x^2-1}\right)^n\right] \tag{1.76}$$

$$U_n(x)=\frac{1}{2\sqrt{x^2-1}}\left[\left(x+\sqrt{x^2-1}\right)^{n+1}-\left(x-\sqrt{x^2-1}\right)^{n+1}\right]. \tag{1.77}$$

この二つの式を利用すると,

$$C_n^*(x)=\left(\frac{x+\sqrt{x^2+4}}{2}\right)^n+\left(\frac{x-\sqrt{x^2+4}}{2}\right)^n \tag{1.78}$$

$$S_n^*(x)=\frac{1}{\sqrt{x^2+4}}\left(\left(\frac{x+\sqrt{x^2+4}}{2}\right)^{n+1}-\left(\frac{x-\sqrt{x^2+4}}{2}\right)^{n+1}\right) \tag{1.79}$$

という式が得られる．この 2 式を使えば，(1.72)〜(1.75) の和が実行されて，ド・モアブル-ビネの公式に代表される (1.20)〜(1.23) が一気に導かれる．

このほかに，微分や超幾何関数を使った定義もあるが，ここでは省略する．ただし，

$$U_n(x)=\frac{1}{n}\frac{\mathrm{d}T_{n+1}(x)}{\mathrm{d}x} \tag{1.80}$$

という関係式は，今までに出てきた $T_n(x)$ と $U_n(x)$ の表式からは直接導きにくいため，覚えておくと便利な式である．なお前にも述べたように，$T_n(x)$ と $U_n(x)$ について本書とは違う定義のものがあるので注意してほしい[20,21]．

6　数列のデータベース

本書ではこの後にもいろいろな数列が出てくる．米国の AT&T 研究所のニール・スローン (Niel J. A. Sloane) という数学者が，40 年近くの間，精力的に数列の膨大なデータベースを作っている．最初は単行本として改訂増補版まで出たが[22,23]，現在はインターネットで誰でも無料でその On-Line Encyclopedia of Integer Sequences (OEIS) を利用することができる[24]．これは大変便利であるだけでなく，学問的に非常に大きな貢献を果たしている．このURL にアクセスすれば，数列の初めの数項を入力すると，その数列の名前やいわれに関する有用で正しい情報が大量に見られるだけでなく，新しい数列も絶えず追加されている．2020 年の時点で 33 万種の数列がこのデータベースに登録されている．初めはスローン一人でやっていた仕事も，数年前からはこれを支える委員会ができて，その管理や更新を続けている．

また，スローンが中心となって，*Journal of Integer Sequences* というインターネット上の学術雑誌も 1998 年から刊行されている．詳細は，インターネットで調べてほしい．本書でもところどころでこの OEIS を参考にしている．改訂増補版の書籍[23] もまだ入手可能であるから，そこからも有用な情報が手に入る．

ここまで，フィボナッチ数やペル数等の代数的あるいは解析的な面について，さまざまな性質や関係を紹介してきた．しかし，著者が長年研究してきたトポロジカル・インデックスというグラフ理論的な道具を使うと，代数と幾何の相互乗り入れが容易にできて，従来は関係のなさそうだった数学の諸概念同士の密接なつながりもわかったし，初学者の興味と理解を一段と進ませることができることも見てきた．本書の執筆動機も，まさにこのことを多くの人に知ってもらいたいという一念に根ざしている．

下らない説教はこれくらいにして，いよいよ本題のトポロジカル・インデックスの説明を始めよう．

第 1 章の問題

（1）ペル数 (p_n) とペル-ルカ数 (Q_n) についても，(1.6) や (1.7) のような関係を求めよ．

（2）図 1.4 の $n = 4,5$ のグラフを描き，それらについての K_n の値を求めよ．

（3）$[2; 1]$, $[1; 2, 1]$, $[1; 1, 2, 1]$, $[1; \underbrace{1, 1, \cdots, 2, 1}_{n}]$ という連分数はどういう数列の比になっているか．その数列と $K_n(1,1,\cdots,2,1)$ という連分多項式とを比べてみよ．

（4）$C_n(2)$ と $S_n(2)$ の値をいろいろな n について計算し，それぞれの一般式を求めよ．

（5）On-line Encyclopedia of Integer Sequences を実際に使ってフィボナッチ数やペル数がどう扱われているか調べよ．

第 1 章の参考文献

［1］中村滋，『フィボナッチ数の小宇宙』(改訂版) 日本評論社 (2008).

[2] H. Hosoya, *Fibonacci Quart.*, **11** (1973) 255.
[3] H. Hosoya, *Fibonacci Quart.*, **14** (1976) 173.
[4] 細矢治夫,『数学セミナー』, **42** (7) (2003) 20.
[5] 細矢治夫,『数学文化』, **002** (2004) 80.
[6] 細矢治夫,『数学セミナー』, **48** (8) (2009) 52, (9) 49, (10) 66, (11) 49.
[7] T. Koshy, *Fibonacci and Lucas Numbers with Applications*, Wiley (2001).
[8] J. Kappraff, *Beyond Measure*, World Scientific, (2002).
[9] 高木貞治,『初等整数論講義』(第 2 版) 共立出版 (1971).
[10] H. Hosoya, *Natl. Sci. Rept. Ochanomizu Univ.*, **58** (1) (2007) 15.
[11] D. E. Knuth, *The Art of Computer Programming*, Vol. 1, Addison-Wesley (1968);『The Art of Computer Programming, Volume 1, Fundamental Algorithms, Third Edition 日本語版』(有澤誠・和田英一監修, 有澤誠・和田英一 他訳), KADOKAWA(2015).
[12] R. L. Graham, D. E. Knuth, O. Patashnik, *Concrete Mathematics, A Foundation for Computer Science*, Addison-Wesley, (1989);『コンピュータの数学』(有澤誠 他訳), 共立出版 (1993).
[13] L. A. Lyusternik, O. A. Shelvonenkis, A. R. Yanpol'skii, *Handbook for Computing Elementary Functions*, Pergamon (1965).
[14] M. Abramowitz, I. A. Stegun, *Handbook of Mathematical Functions*, Dover (1984).
[15] H. Hosoya, *Natl. Sci. Rept. Ochanomizu Univ.*, **32** (2) (1981) 127.
[16] E. W. Weisstein, *CRC Concise Encyclopedia of Mathematics*, Chapman & Hall/CRC (2003).
[17] http://en.wikipedia.org/wiki/Chebyshev_polynomials
[18] http://mathworld.wolfram.com /ChebyshevPolynomialoftheFirstKind.html
[19] H. Hosoya, *Natl. Sci. Rept. Ochanomizu Univ.*, **57** (2) (2006) 19.
[20] 森口繁一, 宇田川銈久, 一松信,『数学公式 III』岩波全書 (1960).
[21] 犬井鉄郎,『特殊関数』岩波全書 (1962).
[22] N. J. A. Sloane, *A Handbook of Integer Sequences*, Academic Press (1973).
[23] N. J. A. Sloane, S. Plouffe, *The Encyclopedia of Integer Sequences*, Academic Press (1995).
[24] https://oeis.org/

2 章

グラフ理論とトポロジカル・インデックス

1　基本的なグラフ

グラフ理論 (graph theory) では，頂点 (vertex) と辺 (edge) の集合としてグラフ (graph) を定義している．1 本の辺の両端には必ず 1 つずつ頂点がある．1 個の頂点だけでもグラフの資格をもっているが，頂点も辺ももたない空グラフ (vacant graph, ϕ と略記) も定義しておくと便利である．1 本の辺は 2 個の頂点を結んだものなので，辺で結ばれた 2 個の頂点は互いに隣接している (adjacent) という．本書では，辺には向きがなく，2 頂点間には 2 本以上の辺はなく (表 2.1 の R_2 だけは例外)，かつ 1 頂点からその頂点に戻るようなループのないグラフ (無向単純グラフ) を考える．また，一つのグラフ内の 2 頂点の間には，少なくとも 1 本の経路が存在するグラフ (連結グラフ) を基本的に考える．頂点と辺という言葉の代わりに，それぞれ，点 (point) と線 (line)，または原子 (atom) と結合 (bond) という言葉を当てることもあるが，それぞれの言葉の組合せを守って使うことが望ましい．

なお，グラフ理論の本を見ると，いろいろと言葉の定義ばかりが目立って，何の役に立つのかわからないというようなものが多いが，本書で扱うグラフ理論は，数学的な諸概念の間を結びつけたり，証明を見通しよくわかりやすくするために欠かせない道具立てを提供してくれる，ということを強調したい．

表 2.1 に示したのは，グラフ理論における基本的ないくつかのグラフの系列である．経路グラフ (path graph, P_n) は，n 個の点を $n-1$ 本の辺で順繰りにつなげてできたグラフで，星グラフ (star graph, S_n) は，1 個の点を中心として，そこから $n-1$ 本の辺を放射状につなげてできたグラフである．経路

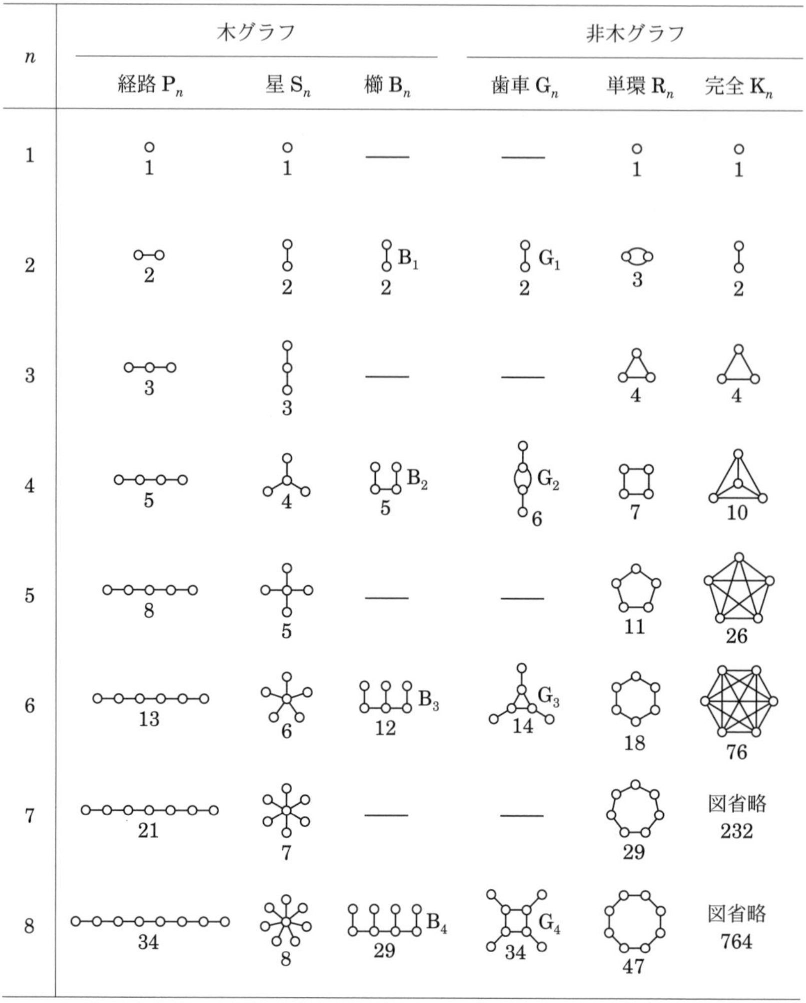

n	木グラフ			非木グラフ		
	経路 P_n	星 S_n	櫛 B_n	歯車 G_n	単環 R_n	完全 K_n
1	1	1	—	—	1	1
2	2	2	B_1 2	G_1 2	3	2
3	3	3	—	—	4	4
4	5	4	B_2 5	G_2 6	7	10
5	8	5	—	—	11	26
6	13	6	B_3 12	G_3 14	18	76
7	21	7	—	—	29	図省略 232
8	34	8	B_4 29	G_4 34	47	図省略 764

表 2.1　木および非木の種々のグラフとそのトポロジカル・インデックス

グラフの各頂点から長さ 1 の辺を 1 本ずつ伸ばしてできたグラフを櫛《くし》グラフ (comb graph, B_n) という．この 3 種のグラフはいずれも環をもたない木《き》グラフ (tree graph) の中の代表的なものである．

環を一つでも含む非木《ひぼく》グラフ (non-tree graph) の代表が単環グラフ (cycle graph, R_n) で，n 個の頂点を n 本の辺で環状につなげてできたグラフである．

2 個の頂点を 2 本の辺でつなげてできた R_2 も仲間に加えることにする．この単環グラフの各頂点から長さ 1 の辺を 1 本ずつ伸ばしてできたグラフを歯車グラフ (gear graph, G_n) と呼ぶことがある．櫛グラフも歯車グラフも，当然のことながら頂点数は偶数に限られる．n 個の頂点の間をすべて結んでできるグラフを完全グラフ (complete graph, K_n) という．

表 2.1 の各グラフに添えてあるトポロジカル・インデックスという数値の解説が本書の主題であるが，まえがきにも記したように，この “topological index” という語は現在は普通名詞として使われることが多いので，これ以降は「Z インデックス」あるいは「Z 値」と呼ぶこともある．表 1.1 に紹介した有名な数列達が，表 2.1 の 6 系列の Z インデックスのどれかの数列に対応していることに注目して欲しい．次節で Z インデックスの定義と各数列についての説明を順々にしていこう．

本書では，これらのグラフのほかに毛虫グラフ (caterpillar graph) が重要な役割を果たしてくれる (図 2.1 を参照)．経路グラフ P_n の各頂点 k に星グラフ S_{x_k} の中心点を埋め込んでできたグラフ $C_n(x_1, x_2, \cdots, x_n)$ を考える ($x_k \geqq 1$)．つまり，直鎖の経路グラフの各頂点から長さ 1 の足がもじゃもじゃと生えているが，その足の数 $x_k - 1$ は一定していない．この「毛虫グラフ」という名前はすでにグラフ理論の世界で認められている [1,2]．この先いろいろなところで働いてくれるので，気持ち悪がらずに仲良くしてやってほしい．

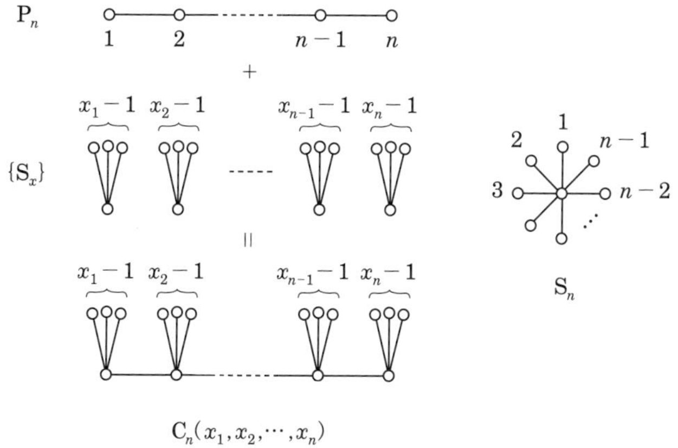

図 2.1　経路グラフ P_n と星グラフ S_n から毛虫グラフ C_n をつくる

一般に木グラフは非木グラフに比べて数学的にははるかに取り扱いやすいという利点をもっている．この毛虫グラフも木グラフで，後に出てくるように数学的に面白く役に立つ性質をいろいろともっている．

2　非隣接数と Z インデックス

さて本題の Z インデックスの話を始めよう．あるグラフ G が与えられたときに，その G の中で互いに隣り合わない (頂点を共有しない) k 本の辺を選ぶ組合せの数を，第 k 非隣接数 (non-adjacent number) または k-マッチングといい，$p(\mathrm{G},k)$ と表す．その $p(\mathrm{G},k)$ の総和を Z インデックス Z_{G} と定義する [3,4]．

$$Z_{\mathrm{G}} = \sum_{k=0}^{\lfloor n/2 \rfloor} p(\mathrm{G},k) \tag{2.1}$$

なお，どんなグラフについても $p(\mathrm{G},0)$ は 1 と定義し，$p(\mathrm{G},1)$ はグラフ G の辺の数である．$p(\mathrm{G},2)$ の数え方の具体的な例を経路グラフの P_5 について図 2.2 に示した．

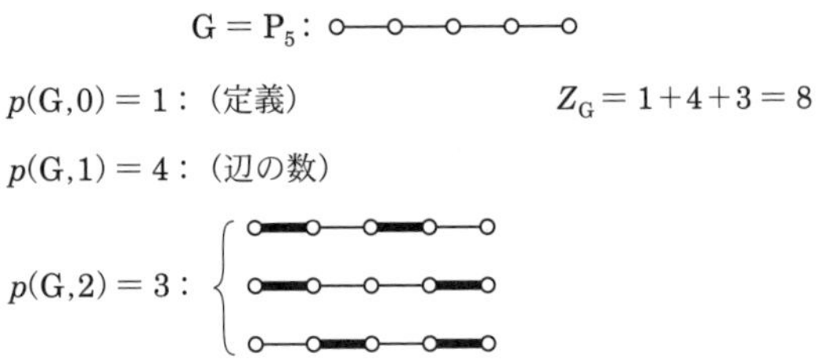

図 2.2　経路グラフ P_5 の非隣接数と Z インデックス

$p(\mathrm{G},k)$ と Z_{G} の関係は (2.1) 式ではっきりしているが，この両者の間に次のような "Z-数え上げ多項式"

$$Q_{\mathrm{G}}(x) = \sum_{k=0}^{\lfloor n/2 \rfloor} p(\mathrm{G},k)\, x^k \tag{2.2}$$

というものを入れると，少し大きなグラフの Z (Z_{G} の略記) の数え上げが楽になる [3,4]．ここで変数 x は，k という数と $p(\mathrm{G},k)$ という係数をつなげる媒体で，具体的な実体はない．しかしグラフ理論や組合せ理論の中の種々の数え上げ多項式によく出てくる便利な変数である．例えば，(2.2) 式に $x = 1$ を

代入すれば

$$Q_{\mathrm{G}}(1) = Z_{\mathrm{G}} \tag{2.3}$$

が得られる．さらに (2.2) を形式的に x で微分することもあるが，本書ではそこまでは踏み込まない．Z-数え上げ多項式については 2.5 節で詳しく解説する．

3　パスカルの三角形とフィボナッチ数の関係

こうして定義した $p(\mathrm{G},k)$ と Z_{G} の例として，最も基本的な経路グラフの系列の小さなものについての値を表 2.2 に示した．すると

$$Z_{\mathrm{P}_n} = f_n \tag{2.4}$$

という大事なことが示唆される．つまり，n 個の点を順繰りにつなげてできた経路グラフ P_n の Z 値は n 番目のフィボナッチ数になっている．その証明はひとまずたな上げにして，このことを，

「フィボナッチ数の Z グラフは経路グラフである」

と表現することにする．Z グラフというのは，ある与えられた数や数列の値

		$p(\mathrm{G},k)$					
n	$\mathrm{G} = \mathrm{P}_n$	$k=0$	1	2	3	4	Z_{G}
0	ϕ	1					1
1		1					1
2		1	1				2
3	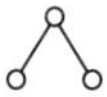	1	2				3
4	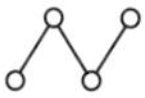	1	3	1			5
5	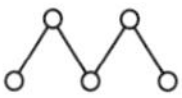	1	4	3			8
6	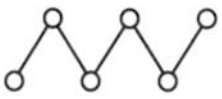	1	5	6	1		13
7	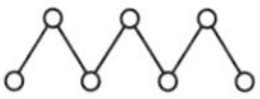	1	6	10	4		21
8	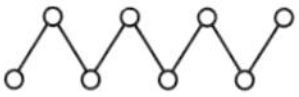	1	7	15	10	1	34

表 2.2　経路グラフ P_n の $p(\mathrm{G},k)$ と Z_{G}

を Z 値にもつグラフのことをいう．なお，一般に Z グラフは一意的に定まるとは限らない．同じ Z の値に対しても，他のグラフとの関わりで異なる Z グラフを考えると都合のよいことがある．

次に，この表 2.2 を反時計方向に 45 度回して各行を一定の規則でずらしたものを図 2.3 に示した．これは有名なパスカルの三角形 (Pascal's triangle) にほかならない．パスカルは 17 世紀のフランスの数学者で，賭博の問題からこのパスカルの三角形を思いついたようである．しかし，エジプト・中近東・中国ではパスカルより数百年も前から知られており，江戸時代の和算家も中国の書を通して知っていたようである．この組立て方の原理は今では小学生にも知られている．すなわち，3 個の 1 を上に凸の二等辺三角形に配置して，その下に Y 字型の足し算を続けていけばよい．

1

1　1

1　2　1

1　3　3　1

1　4　6　4　1

1　5　10　10　5　1

1　6　15　20　15　6　1

1　7　21　35　35　21　7　1

1　8　28　56　70　56　28　8　1

図 2.3　パスカルの三角形

このパスカルの三角形の数学的な意味付けとしては，図 2.4 のように，

$$(a+b)^n = \sum_{k=0}^{n} \binom{n}{k} a^{n-k} b^k \tag{2.5}$$

という二項定理の式における二項展開の係数を形良く並べたもの，というのが最も一般的であろう．

なお，ここではすでに前章で紹介した，n 個のものの中から k 個のものを選ぶ組合せの数の国際的な記号 (1.65) を使っている．

$$\binom{0}{0}$$

$$\binom{1}{0} \quad \binom{1}{1}$$

$$\binom{2}{0} \quad \binom{2}{1} \quad \binom{2}{2}$$

$$\binom{3}{0} \quad \binom{3}{1} \quad \binom{3}{2} \quad \binom{3}{3}$$

$$\binom{4}{0} \quad \binom{4}{1} \quad \binom{4}{2} \quad \binom{4}{3} \quad \binom{4}{4}$$

図 **2.4**　パスカルの三角形は組合せの数からできている

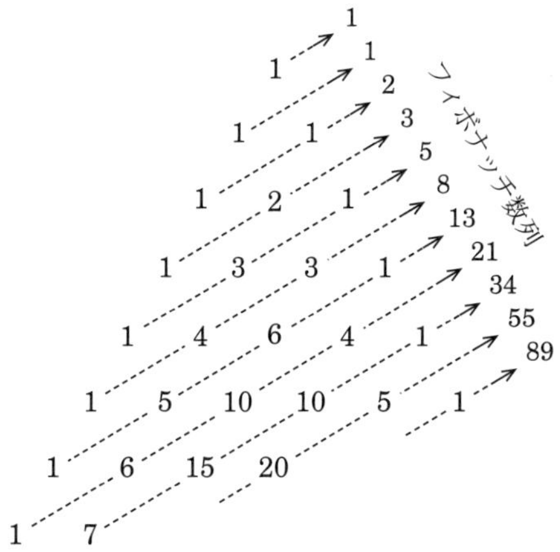

図 **2.5**　パスカルの三角形は経路グラフの非隣接数

$$\binom{n}{k} = \frac{n!}{k!\,(n-k)!} \tag{2.6}$$

こうやってつくられたパスカルの三角形の右上がりの足し算 (図 2.5 を参照) でフィボナッチ数が出てくることは，すでに (1.72) で紹介したように，かなり以前から知られていた．しかし図 2.5 のように，合計はフィボナッチ数になっても，その内訳の数字一つ一つの意味についてはこれまで何の指摘もされていなかった．ところが (1.72) の各項 $\binom{n-k}{k}$ は，実は，経路グラフ P_n の中から互いに隣り合わない k 本の辺を選ぶ組合せにほかならない．すなわち，

$$p(\mathrm{P}_n,k)=\binom{n-k}{k} \tag{2.7}$$

ということである．この式のきちんとした証明はこの後に示すが，この関係をすべての k について足し合わせ，(1.72) を用いることによって

$$Z_{\mathrm{P}_n}=\sum_{k=0}^{\lfloor n/2\rfloor}p(\mathrm{P}_n,k)=\sum_{k=0}^{\lfloor n/2\rfloor}\binom{n-k}{k}=f_n, \tag{2.8}$$

すなわち，(2.4) が示される．つまり，(1.72) の幾何学的な意味が示されたわけである．

ここで示したことを整理して次のように述べることができる．

(a) n 個の点をもつ経路グラフ P_n の Z 値は n 番目のフィボナッチ数 f_n に等しい ($n \geqq 0$).

(b) f_n の値を与える，図 2.5 のパスカルの三角形の線上にある各要素は，P_n の非隣接数 $p(\mathrm{P}_n,k)$ に等しい．

この (b) は次のようにもいえる．

(b′) パスカルの三角形の各要素は P_n の Z-数え上げ多項式の各項の係数を表している．

では，(b) と (b′)，すなわち (2.7) を示そう．その証明は次の通りである [4]．図 2.6(a) には，$n-k$ 個の頂点が一列に並んでいる．そこから任意に k 個の頂点 (黒丸) を選ぶ．その方法の数は $\binom{n-k}{k}$ 通りある．次に図 2.6(b) のように，それらの k 個の頂点の下に 1 個ずつ × 点を描き加え，さらに，合計 n 個の点が一つの経路グラフ P_n を作るように $n-1$ 本の辺で結ぶ．このとき縦線になった辺の組が，P_n の中で互いに隣り合わないように k 本の辺を選ぶ方法の一つになっている．図 2.6(c) に $p(\mathrm{P}_5,2)$ の例を示してあるから図 2.2 と

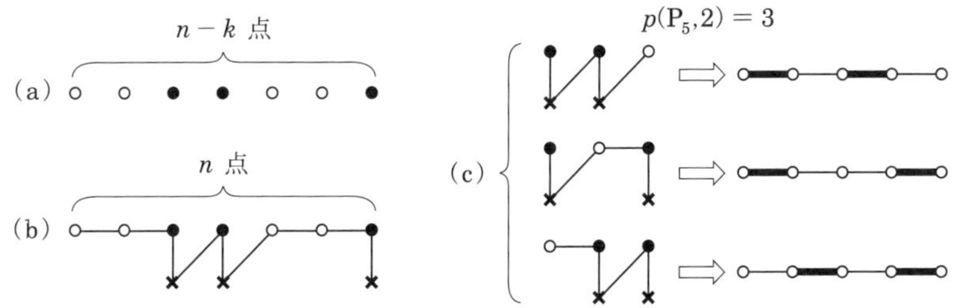

図 2.6　$p(\mathrm{P}_n,k)=\dbinom{n-k}{k}$ の証明

突き合わせてほしい．すなわち図 2.6 は，経路グラフ P_n の k-マッチングが (2.7) で表されることを示しており，これで P_n の Z 値とフィボナッチ数の関係の (2.4), (2.8) 式も証明された．

このように，Z インデックスという概念を使って初めてパスカルの三角形とフィボナッチ数との関連の図形的な意味が示されたのである．

なお，偶数 $(2m)$ 個の頂点からなるグラフの頂点を m 本の辺で覆い尽くすことを完全マッチングという．1.1 節で畳の敷き方の数やケクレ構造式の数え方の問題のところで説明したのが完全マッチングである．Z 値は，与えられたグラフの，完全不完全を含めたすべてのマッチングの数を合計した数なので，マッチング数ということもできる．ここで，0-マッチングの数は常に 1 としてある．なお，マッチングのことを 1 因子分解ということもある．

4　特性多項式

(2.4) に加え，代数と幾何を結びつけるもう一つ大事な特性量が特性多項式 (characteristic polynomial) である．

幾何学的に表現されたグラフを隣接行列 $(\boldsymbol{A})$ という代数的表現に置き換えると，グラフの問題を代数的に扱うことができる．n 個の点からなるグラフの $\boldsymbol{A}$ は次のような要素をもつ n 行 n 列の正方行列である．

$$a_{ij}=\begin{cases}1 & (\text{点 } i \text{ と } j \text{ が隣接しているとき})\\ 0 & (\text{その他})\end{cases} \tag{2.9}$$

ここで頂点には 1 から n までの番号をあらかじめ振っておく．すべての辺に向きがない無向グラフの $\boldsymbol{A}$ は対称行列となる．グラフ理論では古くから $\boldsymbol{A}$

と同じ大きさの単位行列を $\boldsymbol{E}$ として次のような特性多項式 $P_{\mathrm{G}}(x)$ が定義されている．

$$P_{\mathrm{G}}(x) = (-1)^n \det(\boldsymbol{A} - x\boldsymbol{E}) \tag{2.10}$$

ここで det は行列式を意味し，その前の $(-1)^n$ は $P_{\mathrm{G}}(x)$ が n の偶奇にかかわらず x^n から始まるようにつけられている．例として，図 2.2 の P_5 の特性多項式は次のように得られる．

$$-\begin{vmatrix} -x & 1 & 0 & 0 & 0 \\ 1 & -x & 1 & 0 & 0 \\ 0 & 1 & -x & 1 & 0 \\ 0 & 0 & 1 & -x & 1 \\ 0 & 0 & 0 & 1 & -x \end{vmatrix} = x^5 - 4x^3 + 3x \tag{2.11}$$

なんと，この各項の係数の絶対値は図 2.2 や表 2.2 の $p(\mathrm{G}, k)$ に一致するではないか．これは実はすべての P_n について成立する．より詳しく言えば，$\mathrm{G} = \mathrm{P}_n$ のとき $P_{\mathrm{G}}(x)$ は第 1 章で紹介したの第 2 種の変形チェビシェフ多項式に一致することがわかる．すなわち，

$$P_{\mathrm{G}}(x) = S_n(x) \qquad (\mathrm{G} = \mathrm{P}_n) \tag{2.12}$$

これについては証明は省略する．さらに一般化した結果として，一般の木グラフの特性多項式を，行列式の展開という代数的な手続きをとらずに，幾何学的な図形についての数え上げによって，

$$P_{\mathrm{G}}(x) = \sum_{k=0}^{\lfloor n/2 \rfloor} (-1)^k p(\mathrm{G}, k) x^{n-2k} \tag{2.13}$$

のように求めることができることを著者が示した [3]．すなわち，

(c) 木グラフ G の特性多項式の x^{n-2k} の係数の絶対値は $p(\mathrm{G}, k)$ に等しい．

(c′) 経路グラフ P_n の特性多項式の x^{n-2k} の係数の絶対値は $p(\mathrm{P}_n, k)$ に等しく，パスカルの三角形の中に f_n を与える要素として現れる．

つまり木グラフの場合，特性多項式は Z-数え上げ多項式と実質的に同じものなのである．さらに，(2.1) の関係を使えば，

(d) 木グラフの Z インデックスは，特性多項式の係数の絶対値の総和で与

えられる.

という重要な結論が得られる. グラフが大きくなると, $p(\mathrm{G},k)$ を求めるための計算時間は組合せ論的爆発 (combinatorial explosion) という増大の仕方をするが, 木グラフについてはこの (d) を利用すればそれを避けることができる. 毛虫グラフの中の代表的なものである櫛グラフを具体的な例として次節でとりあげる.

非木グラフについては, 上の (c), (d) は成り立たないが, その部分グラフの $p(\mathrm{G},k)$ の情報を積み上げて特性多項式を正しく得ることができる [5]. これについては次章で詳しく説明する.

この特性多項式も Z インデックスも, 残念ながらグラフと 1 対 1 の対応をもたないが, グラフの特性化に関しては重要な役割を果たしている.

5　Z-数え上げ多項式と包除原理

複雑なグラフの Z 値を求めるためには漸化式が必要となる. 図 2.7 のように, 任意のグラフ G を考え, その中の任意の辺 l を選ぶ. そして G から l だけを除いた部分グラフを $\mathrm{G}-l$, さらにそれから l に隣接していたすべての辺を除いたグラフを $\mathrm{G}\ominus l$ とする. $p(\mathrm{G},k)$ は, G の中から互いに隣り合わない k 本の辺を選ぶ組合せの数であるから, その中で l を含むもの (l-inclusive) と含まないもの (l-exclusive) を別々に数えてそれらを加えればよい. まず後者の数は $p(\mathrm{G}-l,k)$ である. 次に前者の場合, すでに l を 1 本目に選んだのだ

G　　　$\mathrm{G}-l$　　　$\mathrm{G}\ominus l$

$$
\begin{array}{rcccl}
p(\mathrm{G},k) & = & p(\mathrm{G}-l,k) & + & p(\mathrm{G}\ominus l,k-1) \\
Q_{\mathrm{G}}(x) & = & Q_{\mathrm{G}-l}(x) & + & xQ_{\mathrm{G}\ominus l}(x) \\
Z_{\mathrm{G}} & = & Z_{\mathrm{G}-l} & + & Z_{\mathrm{G}\ominus l}
\end{array}
$$

図 **2.7**　包除原理から得られる漸化式

から，残りはその l に隣り合わない辺の中から $(k-1)$ 本選ぶことになる．その際 l とそれに隣接する辺は選べないのだから，$\mathrm{G}\ominus l$ というグラフから $(k-1)$ 本を選ぶことになる．すなわち $p(\mathrm{G}\ominus l, k-1)$ を数えればよい．こうして

$$p(\mathrm{G},k) = p(\mathrm{G}-l,k)+p(\mathrm{G}\ominus l,k-1) \tag{2.14}$$

という漸化式が得られる．こういう考え方が包除原理 (inclusion-exclusion principle) なのである [2]．

この考えをおし進めることによって，Z-数え上げ多項式の漸化式が

$$Q_{\mathrm{G}}(x) = Q_{\mathrm{G}-l}(x)+xQ_{\mathrm{G}\ominus l}(x) \tag{2.15}$$

となることもわかる．右辺の第 2 項目に x がかかっていることの理由については各自考えられたい．

すでに説明したように，Z インデックス，すなわち Z_{G} は $p(\mathrm{G},k)$ の総和である．したがって，その漸化式は，(2.15) に $x=1$ を代入することによって

$$Z_{\mathrm{G}} = Z_{\mathrm{G}-l}+Z_{\mathrm{G}\ominus l} \tag{2.16}$$

のように得られる．

なお図 2.7 では，環をもったグラフが例示されているが，木グラフの場合は，どの辺を l に選んでも $\mathrm{G}-l$ は 2 個以上の木グラフに分割されてしまう．そのときは，いくつかの成分に分割されたものを一つの非連結グラフと考えて $p(\mathrm{G},k)$ の数え上げをするのだが，その際，$Q_{\mathrm{G}}(x)$ も Z_{G} も，各成分について Q や Z を計算してその値の積を計算すればよい．これも証明は読者にお任せしよう．具体的な例はこの後に示すので，それを参照してほしい．

さて，こうして得られた漸化式の応用例として経路グラフ P_{m+n} を考える (図 2.8)．点 m と $m+1$ の間の辺を l として (2.15) を使うと，

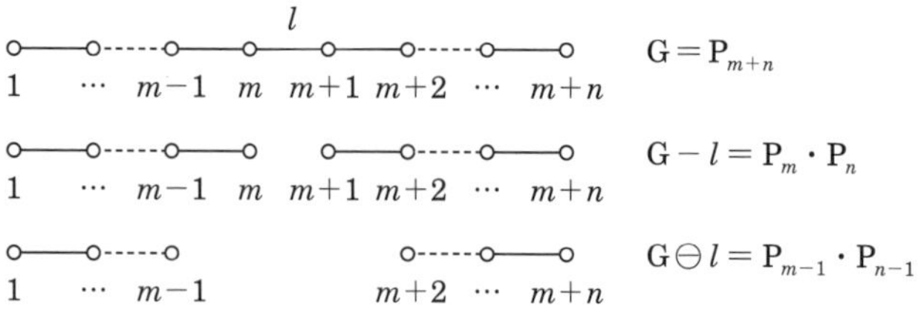

図 2.8

$$Q_{m+n}(x) = Q_m(x)Q_n(x) + xQ_{m-1}(x)Q_{n-1}(x) \tag{2.17}$$

が，(2.16) からは

$$Z_{m+n} = Z_m Z_n + Z_{m-1}Z_{n-1} \tag{2.18}$$

が得られる (Q_k は Q_{P_k}，Z_k は Z_{P_k} の略記)．もちろん，(2.17) に $x=1$ を代入すれば (2.18) が得られる．

(2.18) で $m=1$ とすると，面白い結果が得られる．$Z_0=1$，$Z_1=1$ に注意すると (2.18) は $Z_{n+1} = Z_n + Z_{n-1}$ となり，これはフィボナッチ数 f_n の漸化式と同じである．初期値もまったく同じなので，これからも (2.4) の $Z_n = f_n$ が示されるのである．

ここで，(2.17) の例を一つあげる．

$$\begin{aligned} Q_{3+6}(x) &= Q_3(x)Q_6(x) + xQ_2(x)Q_5(x) \\ &= (1+2x)(1+5x+6x^2+x^3) + x(1+x)(1+4x+3x^2) \\ &= 1+8x+21x^2+20x^3+5x^4 \end{aligned}$$

ここに出ている多項式 Q の係数はすべて表 2.2 に与えられているので確認してほしい．また (2.18) はフィボナッチ数の和の公式

$$f_{m+n} = f_m f_n + f_{m-1} f_{n-1} \tag{2.19}$$

にほかならない．具体的にいくつかの例を次に示そう．

$$\begin{aligned} f_9 &= f_1 f_8 + f_0 f_7 = 1\times 34 + 1\times 21 = 55 \\ &= f_2 f_7 + f_1 f_6 = 2\times 21 + 1\times 13 = 55 \\ &= f_3 f_6 + f_2 f_5 = 3\times 13 + 2\times 8 = 55 \\ &= f_4 f_5 + f_3 f_4 = 5\times 8 + 3\times 5 = 55 \end{aligned}$$

逆に，図 2.8 は (2.19) の図式的表現となっている．(2.17)〜(2.19) の一連のきれいな関係は，実はフィボナッチ数の初期値のとり方 (1.2) に起因していることにも注意しよう．

次に図 2.9 に示すような櫛グラフ B_{m+n} を考えよう．その B_{m+n} の本幹にあたる経路グラフ P_{m+n} の頂点 m と $m+1$ の間の辺を l とすると，それを切断した $\mathrm{G}-l$ は B_m と B_n の 2 成分に分かれる．さらに $\mathrm{G}\ominus l$ は B_{m-1} と B_{n-1} の 2 成分に分かれる．(2.15) と (2.16) にこれらの情報を入れれば

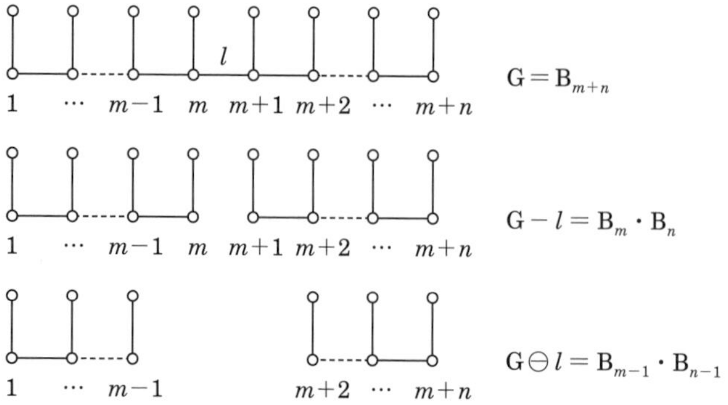

図 **2.9**

$$Q_{\mathrm{B}_{m+n}}(x) = Q_{\mathrm{B}_m}(x)Q_{\mathrm{B}_n}(x) + xQ_{\mathrm{B}_{m-1}}(x)Q_{\mathrm{B}_{n-1}}(x) \tag{2.20}$$

$$Z_{\mathrm{B}_{m+n}} = Z_{\mathrm{B}_m}Z_{\mathrm{B}_n} + Z_{\mathrm{B}_{m-1}}Z_{\mathrm{B}_{n-1}} \tag{2.21}$$

が得られる.

例を一つだけあげておこう. ただし, 櫛グラフ B_n の Z 値をここでは p_n と書くことにする.

$$\begin{aligned} p_5 &= p_1 \times p_4 + p_0 \times p_3 = 2 \times 29 + 1 \times 12 \\ &= p_2 \times p_3 + p_1 \times p_2 = 5 \times 12 + 2 \times 5 = 70. \end{aligned}$$

こうして求めた櫛グラフの $p(\mathrm{G},k)$ ($Q_{\mathrm{G}}(x)$ の係数) と p_n の値を図 2.10 にまとめた. なんと, この p_n は表 1.1 に紹介したペル数ではないか. 実際, これは図 2.8 で $Z_{\mathrm{P}_n} = f_n$ を示したのと同様に図 2.9 を利用して証明できるので, 各自試みてほしい.

なお, この図は意図的に $p(\mathrm{G},k)$ を三角形に配列してある. このように並べると, パスカルの三角形とは異なり, 三角形型に配列した三つの数を足すと, その三角形の真下の数字になる. こうすることによって, 三角形の頂点の要素は 1 回, 底辺の要素はそれぞれ 2 回ずつ加わって次の行の数字の合計が得られることになる. それは, ちょうど (1.8) の漸化式と同じことをしているわけである. 初期値も (1.9) と同じだから, 図 2.10 の Z_{G} がペル数になることを実感してほしい. こうして,

「ペル数の Z グラフは櫛グラフである」

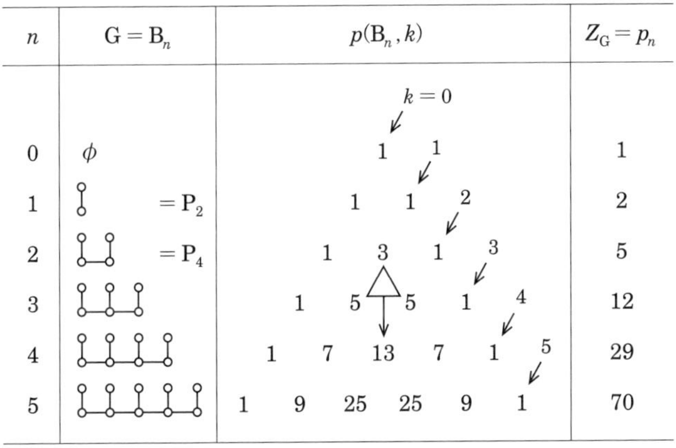

図 2.10　櫛グラフの Z 値はペル数

あるいは,

「櫛グラフの Z 値はペル数である」

ということができる. 図 2.10 の数三角形をペル三角形と呼んでもよいだろう.

これは結果論なのだが, 図 2.10 の数三角形がパスカルの三角形と同じように左右対称になっていることが面白い. また, この櫛グラフのような左右対称の毛虫グラフがこれから頻繁に出てくるので, それらを SymCat (symmetrical caterpillar) という愛称で呼ぶことにしよう.

ところで, $p(\mathrm{G},k)$ という図形的な意味は知らずに, 3 個の 1 から出発して図 2.10 の数三角形を最初に描いたのはウオンとマドックである [6]. さらに彼らは図 2.11 のような右上がりの足し算をして, その和が表 2.3 のようなトリボナッチ数 (tribonacci numbers)

$$T_n = T_{n-1} + T_{n-2} + T_{n-3} \quad (n > 4), \tag{2.22}$$

$$T_1 = T_2 = 1, \quad T_3 = 2 \tag{2.23}$$

になることを見出した.

このトリボナッチ数というのは, 14 歳の中学生ファインバーグが初めて考えた数列で [7], 彼はその 4 年後の大学生のときに後に紹介するルカ三角形を考え出したのである [8]. しかし残念なことにその 2 年後バイクの事故で死んでしまった. 筆者より一回り以上若かったのだが, もし彼が無事に生きてい

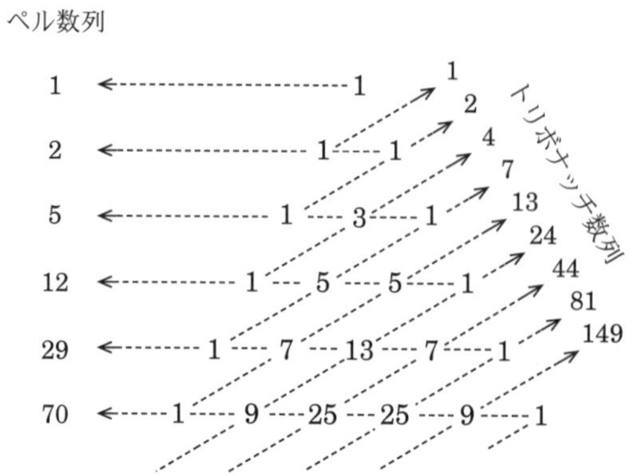

図 **2.11**

n	1	2	3	4	5	6	7	8	9	10	11
T_n	1	1	2	4	7	13	24	44	81	149	274

表 **2.3**　トリボナッチ数

れば，このほかにも面白い発見をいろいろとしていたのではないだろうか．

6　連分数と毛虫グラフ

本章のはじめに毛虫グラフを紹介したが，この毛虫グラフが実は，1.4 節に紹介した連分数と非常に深い関係にあることが最近わかった[9]．これについては 4 章で詳しく解説するが，ここでは毛虫グラフの Z 値をどのように計算するかを説明する．

図 2.12 を見てほしい．左上の毛虫グラフ G は図 2.1 の定義に従えば $C_4(5,4,2,3)$ と表される．この毛虫グラフの真ん中にある辺 l を切断して二つの小さな毛虫グラフ $C_2(5,4)$ と $C_2(2,3)$ に分割する．さらに，それらの真ん中の辺 l' と l'' を切断することによって元の毛虫グラフをすべて星グラフに分割することができる．k 本の辺からなる星グラフの Z 値は k である．それらの積和として図 2.12 のようにきわめて容易にこの毛虫グラフの Z の値 162 を求めることができる．

この方法を一般化すれば，経路グラフについての (2.18) と櫛グラフについい

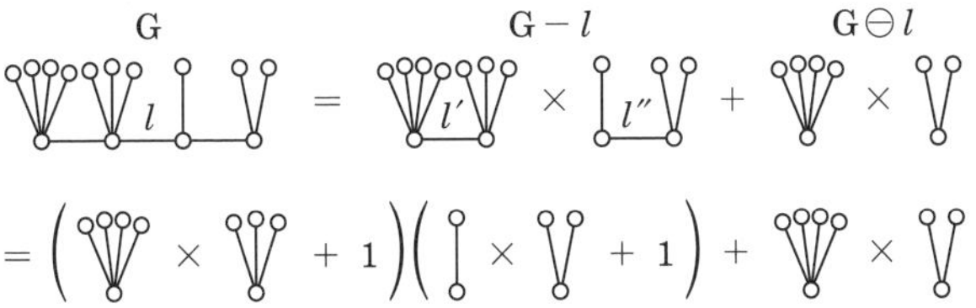

$$= (5\times4+1)(2\times3+1) + (5\times3) = 162$$

図 **2.12**　毛虫グラフの Z 値の計算法

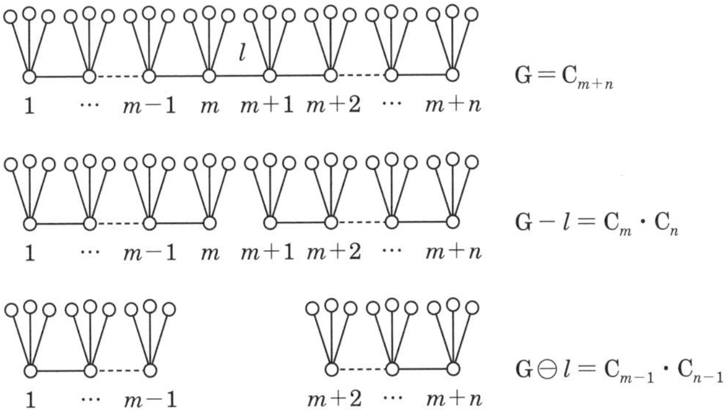

図 **2.13**　毛虫グラフの Z 値の分割公式

ての (2.21) をさらに一般化した毛虫グラフの分割の公式 (2.24) が示される (図 2.13 参照).

$$Z_{\mathrm{C}_{m+n}} = Z_{\mathrm{C}_m} Z_{\mathrm{C}_n} + Z_{\mathrm{C}_{m-1}} Z_{\mathrm{C}_{n-1}} \tag{2.24}$$

毛虫グラフ $\mathrm{C}_{m+n}(x_1, x_2, \cdots, x_{m+n})$ については，経路グラフについての (2.18) がそのまま形式的に成立していることに注意してほしい．漸化式でこのような関係が成り立つのは，毛虫グラフでは本幹の各点から出ている枝の長さが高々 1 でしかないということに原因がある.

なお，図 2.12 に示した毛虫グラフ $\mathrm{C}_4(5,4,2,3)$ の Z 値の分割公式による計算は，次のような 2 行 2 列の行列式の演算でも得られることに注意してほしい．その際に図 2.13 もこのことの理解の助けになるはずである.

$$\mathrm{C}_4(5,4,2,3) = \begin{vmatrix} \mathrm{C}_2(5,4) & \mathrm{C}_1(5) \\ -\mathrm{C}_1(3) & \mathrm{C}_2(2,3) \end{vmatrix} = \begin{vmatrix} 21 & 5 \\ -3 & 7 \end{vmatrix} = 21\times7+5\times3 = 162$$

5.5 節でカッシーニの等式というものの証明を与えてあるが，そこでも毛虫グラフの Z 値やオイラーの連分多項式の行列式による計算が役に立っている．

ところで，1.4 節に紹介した連分数は

$$\frac{162}{31} = 5 + \frac{1}{4+}\,\frac{1}{2+}\,\frac{1}{3} = [5; 4, 2, 3] \tag{1.32}$$

というものであった．そして，今ここで例に使った毛虫グラフ $\mathrm{C}_4(5,4,2,3)$ の Z 値がこの連分数の分子になっている．では分母はどういう数なのだろうか．それは，この連分数展開の整数項を除いてつくった毛虫グラフ $\mathrm{C}_3(4,2,3)$ の Z 値になっているのである．オイラーも彼の考えた連分多項式を使って毛虫グラフという概念に後少しというところまでは行っていたのである ((1.38) と (1.39) を参照)．

一般に，毛虫グラフ $\mathrm{C}_n(x_1, x_2, \cdots, x_n)$ の Z 値は，連分多項式の値 $K_n(x_1, x_2, \cdots, x_n)$ と一致するのである．これはそれぞれの漸化式を見比べると容易に示せる．したがって，任意の既約有理数 Q/P の連分数展開 $[a_0; a_1, a_2, \cdots, a_n]$ からつくられる二つの毛虫グラフ $\mathrm{C}_{n+1}(a_0, a_1, a_2, \cdots, a_n)$ と $\mathrm{C}_n(a_1, a_2, \cdots, a_n)$ の Z 値は，それぞれ，Q と P の値にほかならないのである．これをいい直すと，

> 「任意の既約な整数 Q と P の Z グラフは，その比の連分数展開 $Q/P = [a_0; a_1, a_2, \cdots, a_n]$ から得られる毛虫グラフ $\mathrm{C}_{n+1}(a_0, a_1, a_2, \cdots, a_n)$ と $\mathrm{C}_n(a_1, a_2, \cdots, a_n)$ で与えられる．」

P や Q という数の Z グラフは一意的には決まらないのだが，P と Q が対をつくると，自動的に 1 対の毛虫グラフが生じるところが面白い．これは，ただ面白いだけでなく，第 5 章に紹介するように，ディオファントスの不定方程式を解く場合にもこのことが役に立つのである．

無理数を連分数に表そうとすると，予想されるように，無限連分数になってしまうが，整数や有理数の平方根の場合は循環連分数となり，いろいろと面白い性質が出てくる．それについては第 4 章以降に紹介する．

7　分子グラフと異性体

これまでは，比較的抽象的にグラフの数理を紹介してきたが，ここで改めて，どのような目的にグラフが使われるのかを議論したい．グラフ理論の応

用範囲は実に広いのだが，ここでは，著者のかかわる化学の立場からに限って話を進めさせていただく．現在素性の知られている化学物質は 1 億種類にも及ぶが，その大部分は炭素原子を含む有機化合物で，その中の基本となるのが炭素と水素だけから成る炭化水素の 1 群である．これはさらに，二重結合がない飽和化合物と，二重結合のある不飽和化合物に大きく分かれる．前者の代表的なものが，メタン，エタン，プロパン，ブタンからポリエチレンに至る鎖式飽和炭化水素で，後者の方は，エチレン，ブタジエンからポリアセチレンに至る鎖式不飽和共役炭化水素と，ベンゼン，ナフタレン，アントラセンからグラファイトに至る，6 員環をもつ芳香族炭化水素に分けられる．ここでは，環をもたない鎖式の 2 種だけを考えよう．

それぞれのグループの代表としてブタンとブタジエンを例にとるが，図 2.14 の矢印で示したように，それらの構造式を簡略化していくといずれも P_4 という経路グラフに行きつく．このいずれの化合物の炭素原子骨格の分子グラフも P_4 で表される．通常は両者を同時に扱うことはないので，ある分子グラフがどちらのグループのものなのかをはっきりさせておけば混乱は生じない．本書でもその時々でこの使い分けをすることにする．

炭化水素分子の構造式は，水素原子 (H) からは 1 本の結合，炭素原子 (C) からは 4 本の結合が出るように描かれたもので，不飽和炭化水素であるブタジエンでは，H 原子の数の少ない分を補うために C 原子間の二重結合が 2 本描かれている．もっと大きな不飽和共役炭化水素では，= − = − = − …のように二重結合と単結合は互いに交互につながるように伸びていく．その規則だとブタジエンの構造には，ここに描かれた以外の構造式は存在しないが，

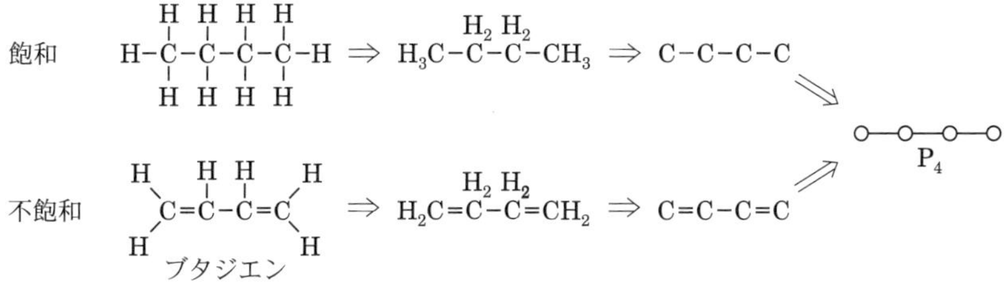

図 **2.14**　炭化水素の分子グラフ

飽和系のブタンの場合には，図 2.15 のようなイソブタンという，原子の組成は C_4H_{10} で同じでも，構造の違う異性体の存在が予想され，実験的にもその実在が確認されている．このような鎖式飽和炭化水素のことを化学では「アルカン (alkane)」と呼ぶ．アルカンの分子グラフは，数学的に定義すれば $d \leqq 4$ の木グラフのことである．アルカンの異性体の数は，図 2.16 では一見フィボナッチ数のように見えるが，このあと，9, 18, 35, 75, 159, 355, 802 のように炭素数とともに急速に増大する．なお，図中にグラフの隣りに書かれた数字は各グラフの Z 値の値である．

直線状のブタン (化学では n-ブタンという) と，炭素数が 5 で十字形のネオペンタンの Z がともに 5 であることでわかるように，残念ながらグラフと Z 値は 1 対 1 の対応関係をもたないが，グラフのおおざっぱな区別や分類には

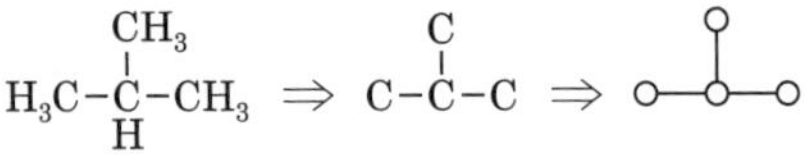

イソブタン

図 2.15　イソブタンの分子グラフ

炭素数	異性体数	分子グラフ
1	1	 1
2	1	 2
3	1	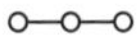 3
4	2	 5　4
5	3	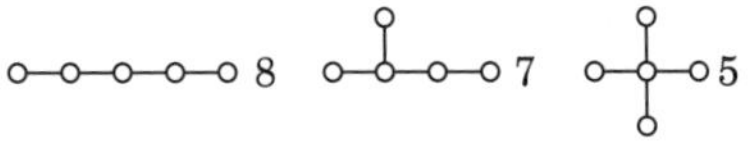 8　7　5
6	5	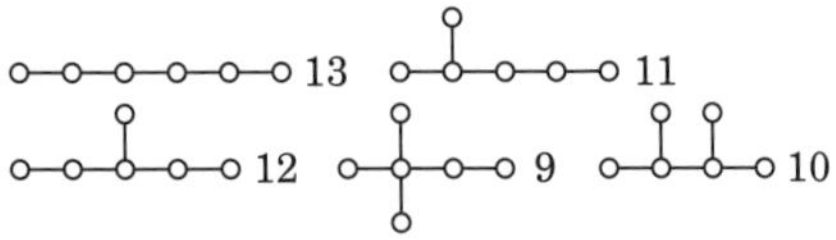 13　11　12　9　10

図 2.16　飽和炭化水素の異性体に対応する分子グラフとその Z 値

十分役にたつインデックスである．炭素数が6のヘキサンの5種の異性体のZは，9から13まできれいに一つずつ違う数が割り振られている．さらに，炭素数が7のヘプタンの9種の異性体には，13から21まで，きれいに一つずつ違う数が割り振られている(表2.4)．$p(\mathrm{G},k)$の値がグラフの枝分かれとどのような関係にあるかに注目してほしい．

19世紀の終わり頃，化学者が試行錯誤的に分子グラフの数え上げの問題に取り組んだのだが，1875年に数学者ケイリーによって一応の解決をみた．しかし，理論としては未完成であり，最終的な解決は1936年のポリアの論文によって初めてなされたのである．彼は，置換群という当時としては新しい群論をつくり出すことによって，グラフ理論の現代的な発展の礎を築いた．化学の問題がきっかけとなって数学の一つの分野が大きく発展したのである．

G	$p(\mathrm{G},k)$ $k=0$	1	2	3	Z_{G}
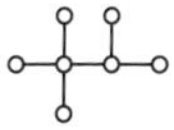	1	6	6	0	13
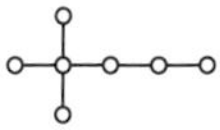	1	6	7	0	14
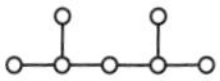	1	6	8	0	15
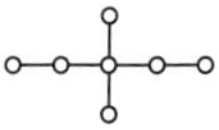	1	6	7	2	16
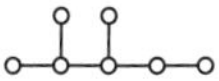	1	6	8	2	17
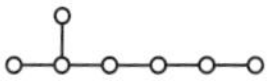	1	6	9	2	18
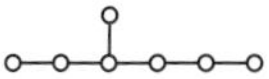	1	6	9	3	19
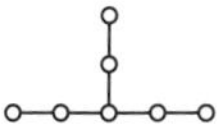	1	6	9	4	20
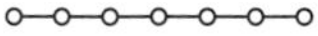	1	6	10	4	21

表 **2.4**

この異性体の数え上げの問題は，一つの点から出る線の数 (点の次数) が 4 以下に限るため，純粋のグラフの数え上げの問題とは若干異なるが，数学的には十分意味のあることである．

8　木グラフの分類

点の数 N が 6 までの木グラフはすべて毛虫グラフであるが，$N = 7$ の CORG7 (図 2.17) というグラフは，長さ 2 以上の枝分かれがあるので毛虫の範疇に入らない．以後は毛虫以外の木グラフのことを「珊瑚グラフ (coral graph)」と呼ぶことにする．つまり，

「木グラフ＝毛虫グラフ＋珊瑚グラフ」

である．ところが，Wikipedia や Wolfram の MathWorld 等には，non-caterpillar graph とあるだけで，特別な名前はつけられていない．しかし，N が 9 までの non-caterpillar graph がすべて紹介されているし[10]，それ以上のかなり大きなグラフについても OEIS (On-Line Encyclopedia of Integer Series) に表 2.5 のような結果が示されている[11]．そこにはアルカンの数も入れてある．既に述べたように，

「アルカン＝ $d \leqq 4$ の木グラフ」

である．ここで化学の話を少し付け加えるが，このアルカンは $N = 12$ (デカペンタエン) の 355 種類の異性体すべての熱力学的な性質がかなり良く調べられている．

なおこの表には OEIS のデータベースのコード番号があるので，それを引けばもっと詳しい情報が得られる．

ここには，木グラフ中の毛虫グラフの割合も示したが，何と $N = 12$ で 5

N	4	5	6	7	8	9	10	11	12	15	20	OEIS
木	2	3	6	11	23	47	106	235	551	7741	823065	A000055
毛虫	2	3	6	10	20	36	72	136	272	2080	65792	A005418
珊瑚	0	0	0	1	3	11	34	99	279	5661	757273	A052471
毛/木 (%)				91	87	77	68	58	49	27	8	
アルカン	2	3	5	9	18	35	75	159	355	4347	366319	A000602

表 2.5　木グラフの分類

割を切って，それ以後は急速に 0 に近づいて行く．つまり，N がせいぜい 10 くらいまでの木グラフでは毛虫グラフが主流だが，それより大きい木グラフは珊瑚グラフの世界なのだ． N が 20 になると，毛虫グラフは木グラフの 1 割にも満たなくなってしまう．この事実はグラフ理論の専門家の間でもはっきりと認識されていなかった，ということをここであえて強調しておきたい．

本書でも毛虫グラフの記述が圧倒的に多く，珊瑚グラフについての話題は少ないのだが，興味ある話題を一つ提供しておこう．先ほど $N = 9$ までの non-caterpillar tree，すなわち珊瑚グラフがネット上に紹介されている[10]と書いたが，それらのすべては先程紹介した $N = 7$ の最小の珊瑚グラフ (以後これを CORG7 と呼ぶ) から派生するのである．このグラフにはトポロジー的に 3 種類の頂点しかない．その 1, 2, 3 に長さ 1 の辺を付加してやると，図 2.17 のように $N = 8$ の珊瑚グラフが 3 種生じる．この三つからは，$N = 9$ の 11 種すべてが生じる．このようにして，

「すべての珊瑚グラフは CORG7 から順次派生する」

ということが言えるのである．

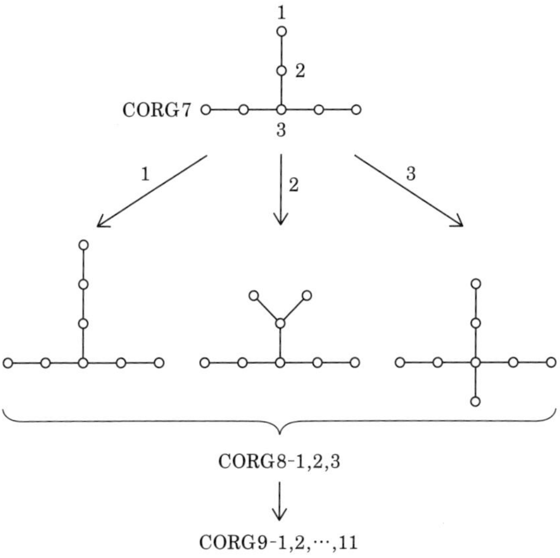

図 **2.17**　CORG7 からすべての CORG が生じる

なお，第 4〜7 章では毛虫グラフが大活躍をして珊瑚グラフの出番がないのだが，それに対する対応策を第 7 章の 7.9 節で紹介するので，そのことを念頭に入れておいて欲しい．

第 2 章の問題

（1）下に示すようなグラフの系列 V_n について非隣接数 $p(\mathrm{V}_n,k)$ と Z インデックス Z_{G} を求めよ．また，その Z_{G} の一般式と漸化式を求めよ．次にその $p(\mathrm{V}_n,k)$ を図 2.10 のように数三角形に配列させて，それがどのような漸化関係でできあがっているかを見出せ．(ヒント：図 4.12)

n	1	2	3	4
V_n		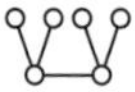	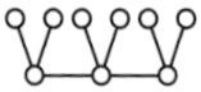	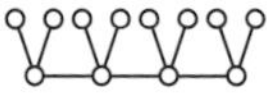

（2）毛虫グラフ $\mathrm{C}_4(1,2,3,4)$ の Z_{G} を分割公式 (図 2.13) を使って計算せよ．また，これと等価の連分多項式を書き，その値を漸化的に計算し，計算の効率を比べよ．

（3）ヘキサン $\mathrm{C_6H_{14}}$ の 5 種の異性体についての $p(\mathrm{G},k), Z_{\mathrm{G}}$ を求めよ．

第 2 章の参考文献

［1］K. H. Rosen, J. G. Michaels, J. L. Gross, J. W. Grossman, D. R. Shier (Eds.), Handbook of Discrete and Combinatorial Mathematics, CRC Press (2000), p. 498.

［2］E. W. Weisstein, CRC Concise Encyclopedia of Mathematics, Chapman & Hall/CRC (2003), p. 351.

［3］H. Hosoya, *Bull. Chem. Soc. Jpn.*, **44** (1971) 2332.

［4］H. Hosoya, *Fibonacci Quarterly*, **11** (1973) 255.

［5］H. Hosoya, *Theor. Chim. Acta*, **25** (1972) 215.

［6］C. K. Wong, T. W. Maddock, *Fibonacci Quarterly*, **13** (1975) 134.

［7］M. Feinberg, *Fibonacci Quarterly*, **1** (1963) 70.

［8］M. Feinberg, *Fibonacci Quarterly*, **5** (1967) 486.

［9］H. Hosoya, *Natl. Sci. Rept. Ochanomizu Univ.*, **58** (2007) 15.

［10］https://mathworld.wolfram.com/CaterpillerGraph.html

［11］https://oeis.org/

3章

非木グラフとトポロジカル・インデックス

1　単環グラフとルカ数

前章でパスカルの三角形とフィボナッチ数の間の図形的な関係について詳しく説明した．そこでは，経路グラフという最も基本的なグラフの系列の非隣接数 $p(\mathrm{G},k)$ がかぎを握っていた．経路グラフは環をもたない木グラフの代表的な存在であるが，それに対して非木グラフの中で最も簡単で基本的な系列は，三角，四角，五角と続く単環グラフ (cycle graph, R_n) である (図 2.1 参照)．この単環グラフの $p(\mathrm{G},k)$ と Z_G を表 3.1 に示した．

$p(\mathrm{G},k)$ や Z_G の求め方は一応 2.2 節で説明したが，表 3.1 の下にも R_5 について例示してあるので確認してほしい．ここには「2 辺形」と「0 辺形」が入っているが，「1 辺形」はない．これらのことは，1 辺では環はつくれず，2 辺形が最小の環グラフで，0 辺形は漸化式の延長上にあると解釈して納得しよう．この 0 辺形の n を 1 として，後は辺の数を n にすれば，単環グラフ R_n の系列の Z 値がルカ数 L_n に一致することが示される (表 1.1 参照)．その証明は図 3.4 の前後に与えられている．

次に表 3.1 を反時計方向に 45 度回してから，左端に 1 が縦に並ぶようにすると表 3.2 が得られる．これは 1967 年にファインバーグが，$(a+2b)\ (a+b)^{n-1}$ を展開したときの $a^{n-k}b^k$ の係数 $A(n,k)$ として与えたものである[1,2]．彼はこの表の右上がりの足し算がルカ数 (11 の場合を例示) になることから，この数三角形をルカ三角形と名付けた．このことはすでにわれわれは表 3.1 で確認している．

さらに，表 3.2 の一番上に 1 を付け足してから全体が二等辺三角形になる

n	$\mathrm{G}=\mathrm{R}_n$	$p(\mathrm{G},k)$ $k=0$	1	2	3	4	Z_{G}
1		1					1
2		1	2				3
3		1	3				4
4		1	4	2			7
5	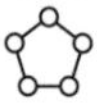	1	5	5			11
6	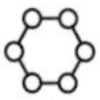	1	6	9	2		18
7	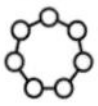	1	7	14	7		29
8	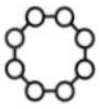	1	8	20	16	2	47

$\mathrm{G}=\mathrm{R}_5$
- $p(\mathrm{G},0)=1$：定義
- $p(\mathrm{G},1)=5$：辺の数
- $p(\mathrm{G},2)=5$：

表 3.1　単環グラフ R_n の $p(\mathrm{G},k)$ と Z_{G}

n \ k	0	1	2	3	4	5
1	1	2				
2	1	3	2	↗ 11		
3	1	4	5	2		
4	1	5	9	7	2	
5	1	6	14	16	9	2

表 3.2　変形二項係数 $A(n,k)$ からできるファインバーグのルカ三角形．$(a+2b)(a+b)^{n-1}=\sum_{k=0}^{n} A(n,k)a^{n-k}b^k$ が成り立つ．

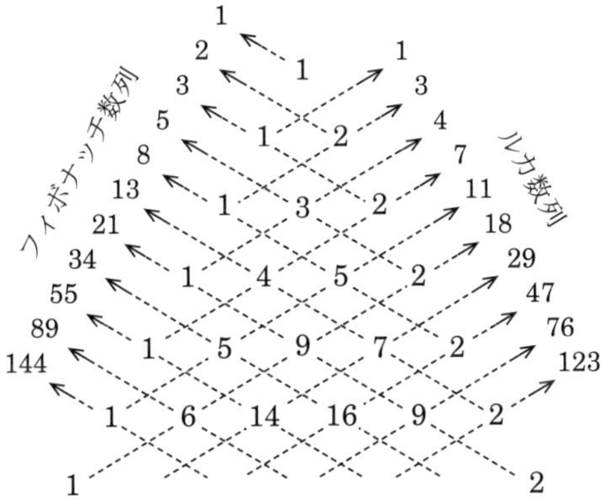

図 3.1　ルカ三角形からフィボナッチ数とルカ数が生まれる

ように形を整えると，図 3.1 のようになる．ここには右上がりと左上がりの破線を描き加えてあるが，右上がりの方を足したものは，今確かめたルカ数である．逆に左上がりの足し算をするとフィボナッチ数が出てくる．こちらの方の内訳は次のように解釈することができる．$f_6=13$ を例にとると，右下から左上に向かって

$$\begin{aligned}2+7+4 &= (1+1)+(4+3)+(3+1)\\ &= (1+4+3)+(1+3+1) = f_5+f_4 = f_6\end{aligned}$$

というように，f_6 の手前の二つのメンバーを与える非隣接数の和が並んでいるのである．しかし，k の値はもともと左から右方向に大きくなるようにしたのに，フィボナッチ数を与える k の値の大きさの順序が逆転してしまうというのは，何とも不思議な気がする．

著者はこれまで，この図 3.1 の三角形を非対称パスカル三角形と呼んでいたが [3,4]，以後はファインバーグにならってルカ三角形と呼ぶことにする．

さて，このルカ三角形はパスカルの三角形とどのような関係にあるのだろうか．1985 年にグールドとグレイグは表 3.2 の $A(n,k)$ が次式のように表されることを見出した [5]．

$$A(n,k)=\binom{n}{k}+\binom{n-1}{k-1}=\frac{n+k}{n}\binom{n}{k}. \tag{3.1}$$

この証明は $(a+2b)(a+b)^{n-1}$ の展開をこつこつ積み上げていけば得られるの

$\mathrm{PaT} + \mathrm{PaT}' = \mathrm{LuT}$

1					
1	1+1				
1	2+1	1+1			
1	3+1	3+2	1+1		
1	4+1	6+3	4+3	1+1	
1	5+1	10+4	10+6	5+4	1+1

(a)

1					
1	2				
1	3	2			
1	4	5	2		
1	5	9	7	2	
1	6	14	16	9	2

(b)

$\mathrm{PaT} - \mathrm{PaT}'' = \mathrm{LuT}'$

1					
1	1				
1	2	1−1			
1	3	3−1	1−1		
1	4	6−1	4−2	1−1	
1	5	10−1	10−3	5−3	1−1

(c)

1				
1	1			
1	2			
1	3	2		
1	4	5	2	
1	5	9	7	2

(d)

図 3.2　二つのパスカルの三角形から２種類のルカ三角形が生じる

だが，わずらわしくなるのでここには記さない．(3.1) が意味するところは，表 3.1 も表 3.2 もパスカルの三角形を二つ合わせたものだということである．著者は 1998 年にそれをわかりやすく図 3.2 (a), (b) のように示した[4]．すなわち，２個のパスカルの三角形を１段ずつずらして (PaT, PaT′)，それらの要素を加えるとルカ三角形 (LuT) ができる．さらに著者は，図 3.2 (c), (d) のように２段ずらして (PaT, PaT″) 引き算をすると，右上に (1 1) というこぶつきのルカ三角形 LuT′ ができることを見出した．記号的に書けば，それぞれ

$$\mathrm{LuT} = \mathrm{PaT} + \mathrm{PaT}' \tag{3.2}$$

$$\mathrm{LuT}' = \mathrm{PaT} - \mathrm{PaT}'' \tag{3.3}$$

となる．実はこのルカ三角形 LuT′ は仮想的な n 次元の世界の原子の原子軌道の角度部分の縮重度を表し，(1 1) というこぶの量子論的な意味もわかっている．すなわち，ルカ三角形 LuT′ は量子力学のシュレーディンガー方程式で原子の構造を解いて得られる解の数学的な構造についての重要な情報を含んでいるのである．これについては 3.7 節で解説する．

一方こぶのないルカ三角形については，1981 年にロゴテッティが面白いことを見つけている[6]．図 3.3 を見てほしい．小さく描かれたパスカルの三角形の三角格子を利用して図のような菱形の格子 (破線) をつくり，その四隅の数字の和を各菱形の中央に描くと，一番上の * を付けた 1 だけは違うが，ルカ三角形が現れる．

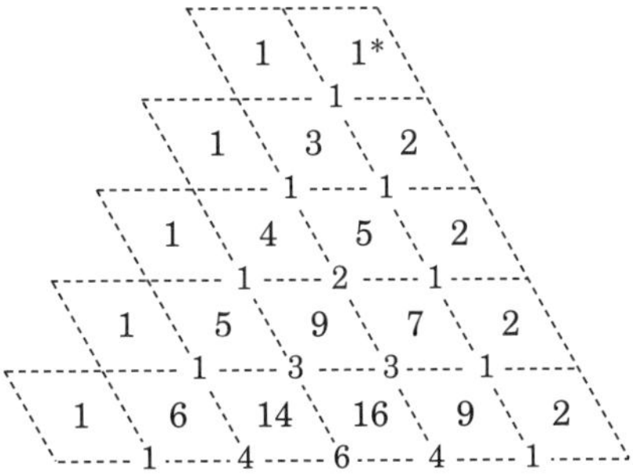

図 3.3

このようにいろいろな方法でパスカルの三角形とルカ三角形の関係が議論されてきたが，ルカ三角形の各要素のもつ図形的な意味付けは表 3.1 のように単環グラフの非隣接数によって初めて得られたのである．これは次のように述べられる[7]．

(a) n 個の頂点をもつ単環グラフ R_n の Z 値は n 番目のルカ数 L_n に等しい $(n \geqq 1)$.

(b) L_n の値を与えるルカ三角形の各要素は R_n の非隣接数 $p(\mathrm{R}_n,k) = \dfrac{n}{n-k}\dbinom{n-k}{k}$ に等しい．

これはいずれも 2.5 節で紹介した包除原理を使うと簡単に導かれる．図 3.4

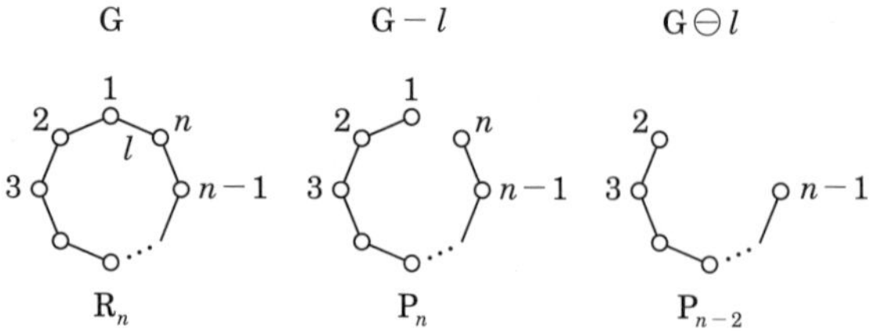

図 **3.4**

の R_n の頂点 1 と n の間の辺を l とすると，グラフ $\mathrm{G}-l$ と $\mathrm{G}\ominus l$ は，それぞれ，P_n と P_{n-2} になる．

(2.14)〜(2.16) にこれらの情報を入れれば，

$$p(\mathrm{R}_n,k)=p(\mathrm{P}_n,k)+p(\mathrm{P}_{n-2},k-1) \tag{3.4}$$

$$Q_{\mathrm{R}_n}(x)=Q_{\mathrm{P}_n}(x)+xQ_{\mathrm{P}_{n-2}}(x) \tag{3.5}$$

$$Z_{\mathrm{R}_n}=Z_{\mathrm{P}_n}+Z_{\mathrm{P}_{n-2}} \tag{3.6}$$

が得られる．

われわれはすでに

$$L_n=f_n+f_{n-2} \tag{1.6}$$

$$Z_{\mathrm{P}_n}=f_n \tag{2.4}$$

という関係を知っているから，この 2 式を (3.6) に入れれば，

$$Z_{\mathrm{R}_n}=L_n \tag{3.7}$$

が導かれる．また，すでに示した

$$p(\mathrm{P}_n,k)=\binom{n-k}{k} \qquad \text{(経路グラフの非隣接数)} \tag{2.7}$$

を (3.4) に代入することによって

$$p(\mathrm{R}_n,k)=\frac{n}{n-k}\binom{n-k}{k} \qquad \text{(単環グラフの非隣接数)} \tag{3.8}$$

という関係式が導かれる．これが Z_{R_n} を与える和の内訳である．

われわれは (1.73) というルカ数の一つの代数的な表現を知っていたが，(3.7) と (3.8) によって (1.73) の各項の図形的な意味を知ることができた．さらに次項で紹介するマッチング多項式を使えば，第 1 章に紹介した第 1 種の変形チェビシェフの多項式 (1.68) との関係も明らかとなる．

このように，非隣接数とZインデックスという新しい概念を使うことによって，単環グラフのグラフ理論的な諸性質が十分に解析され，その理解も容易となるのである．

2　単環グラフの特性多項式とマッチング多項式

特性多項式と密接な関係にあるものにマッチング多項式 (matching polynomial) がある．これは 1979 年にファレルが著者の非隣接数を使って次のように定義したものである[8]．

$$M_{\mathrm{G}}(x) = \sum_{k=0}^{\lfloor n/2 \rfloor} (-1)^k p(\mathrm{G}, k)\, x^{n-2k} \tag{3.9}$$

しかしこれは，すでに数理化学の分野で 1976 年に相原惇一[9]が reference polynomial の名で，1977 にグートマンら[10]が acyclic polynomial の名で定義した多項式とまったく同じものである．さらにいえば，この $M_{\mathrm{G}}(x)$ は，

$$M_{\mathrm{G}}(x) = x^n Q_{\mathrm{G}}(-x^{-2}) \tag{3.10}$$

$$Q_{\mathrm{G}}(x) = (-i\sqrt{x})^n M_{\mathrm{G}}(i/\sqrt{x}) \tag{3.11}$$

というように，著者が 1971 年に提出したZ-数え上げ多項式とも本質的に同じ数学的情報をもっているのだが[9]，数理化学者の間では現在マッチング多項式という名前で一般的に使われている．しかし本書では，純粋数学の方にウエイトを置いているので，マッチング多項式の数理化学的な理論への展開の解説は最小限にとどめることにしよう．

すでに紹介した (2.13) から明らかなことであるが，木グラフに関しては，マッチング多項式は特性多項式と同一である．両者の違いは，グラフの中に環が一つ二つと増えるごとに大きくなっていく．それは，隣接行列 $\boldsymbol{A}$ を使って (2.10) のように代数的に定義された特性多項式の展開項の係数への環の影響 (ring contribution) が，環の増加と絡み合いとともに次々に加算されていくためである．

単環グラフには環が一つしかないので，表 3.3 のように $P_{\mathrm{G}}(x)$ と $M_{\mathrm{G}}(x)$ の違いは末項近くに起こるだけで，しかも

$$P_{\mathrm{R}_n}(x) = M_{\mathrm{R}_n}(x) - 2 \tag{3.12}$$

n	$P_{\mathrm{R}_n}(x)$	$M_{\mathrm{R}_n}(x)$
2	x^2-4	x^2-2
3	x^3-3x-2	x^3-3x
4	x^4-4x^2	x^4-4x^2+2
5	x^5-5x^3+5x-2	x^5-5x^3+5x
6	$x^6-6x^4+9x^2-4$	$x^6-6x^4+9x^2-2$
7	$x^7-7x^5+14x^3-7x-2$	$x^7-7x^5+14x^3-7x$
8	$x^8-8x^6+20x^4-16x^2$	$x^8-8x^6+20x^4-16x^2+2$

表 3.3

というように僅かなものである．しかし，この僅かの差が，ベンゼンのような不飽和の 6 員環をもつ芳香族炭化水素の大きな安定性の原因になっているのである．これについても，次節で若干解説する．

ここではひとまず，経路グラフと単環グラフの，特性多項式とマッチング多項式の一般式を並べて提示しておこう．なお (3.14) を示すには (3.19) を用いる．これについては (3.19) の直後で説明する．

$$P_{\mathrm{P}_n}(x) = \sum_{k=0}^{\lfloor n/2 \rfloor} (-1)^k \binom{n-k}{k} x^{n-2k} \tag{3.13}$$

(経路グラフの特性多項式)

$$P_{\mathrm{R}_n}(x) = \sum_{k=0}^{\lfloor n/2 \rfloor} (-1)^k \frac{n}{n-k} \binom{n-k}{k} x^{n-2k} - 2 \tag{3.14}$$

(単環グラフの特性多項式)

$$M_{\mathrm{P}_n}(x) = P_{\mathrm{P}_n}(x) \tag{3.15}$$

(経路グラフのマッチング多項式)

$$M_{\mathrm{R}_n}(x) = \sum_{k=0}^{\lfloor n/2 \rfloor} (-1)^k \frac{n}{n-k} \binom{n-k}{k} x^{n-2k} \tag{3.16}$$

(単環グラフのマッチング多項式)

これらと (1.68), (1.69) を見比べると，$M_{\mathrm{P}_n}(x)$ と $M_{\mathrm{R}_n}(x)$ はそれぞれ，表 1.3 に与えた第 2 種と第 1 種の変形チェビシェフ多項式 $S_n(x)$ と $C_n(x)$ にほかならないことがわかる．

$$M_{\mathrm{P}_n}(x) = P_{\mathrm{P}_n}(x) = S_n(x) \tag{3.17}$$

$$M_{\mathrm{R}_n}(x) = C_n(x) \tag{3.18}$$

それらの各項の係数の絶対値は，それぞれ，経路グラフと単環グラフの $p(\mathrm{G}, k)$ に等しく，その合計はフィボナッチ数とルカ数になっている ((1.54) と (1.55) を参照).

一般に複数個の環をもつ非木グラフ G の特性多項式は，その G と，G から各環 R_j を除いた $\mathrm{G}\ominus\mathrm{R}_j$ という部分グラフの $p(\mathrm{G}, k)$ を使って次のような式で表される [11]．第 2 項の和では，R_j は各環だけでなく，G 中の互いに隣り合わない複数個 (r_j 個) の環をもわたっており，それらに隣接する線を同時に除いて残った部分グラフ $\mathrm{G}\ominus\mathrm{R}_j$ の寄与を全部加算するので，環の数が増えるとともに計算の手間は加速度的に増大する.

$$\begin{aligned} P_{\mathrm{G}}(x) &= \sum_{k=0}^{\lfloor n/2 \rfloor} (-1)^k p(\mathrm{G}, k) x^{n-2k} \\ &\quad + \sum_j \sum_{k=0}^{m} (-2)^{r_j} (-1)^k p(\mathrm{G}\ominus\mathrm{R}_j, k) x^{n-n_j-2k} \\ &= M_{\mathrm{G}}(x) + \sum_j (-2)^{r_j} M_{\mathrm{G}\ominus\mathrm{R}_j}(x) \end{aligned} \tag{3.19}$$

しかし，式としては完全に正しい．なお，右辺 2 行目の n_j は j 番目の環 (複数個の場合も含めて) を構成する頂点の数である.

いうまでもなく，木グラフの場合は第 1 項だけで，(3.12) は非木グラフについての最も簡単な例である．すなわち単環グラフでは，R_j と G が一致し，$r_j = 1$ だから，第 2 項は単に -2 となるだけなので，(3.12) が得られる.

なお，1964 年に当時の東ドイツの数学者ザックス (H. Sachs) は，任意のグラフ G の特性多項式

$$P_{\mathrm{G}}(x) = \sum_{k=0}^{n} a_k x^{n-k} \tag{3.20}$$

の係数 a_k は

$$a_k = \sum_{s \in S_k} (-1)^{p(s)} 2^{c(s)} \qquad \text{(ザックスの定理)} \tag{3.21}$$

というきわめて簡単な表現で表されることを示した [12]．ここで S_k というのは，互いに隣接し合わない単環 R と K_2 (2 点からなる完全グラフ，すなわち

1本の線) のあらゆる組合せの集合 (これをザックス・グラフと呼ぶ) で，$c(s)$ はその中の環 R の数，$p(s)$ は R と K_2 を合わせた成分の総数である．この成分の総数というのは，s 番目の操作で R と K_2 が合計何個拾い上げられたかという数である．

この表現は数学的に正しいが，どんなグラフについても，ザックス・グラフをすべて網羅しつくしていかねばならず，しかも有用な漸化式がないので，まったく実用にはならない．

3　グラフとそのスペクトル

グラフ理論では，あるグラフの特性多項式の零点，すなわち

$$P_{\mathrm{G}}(x)=0 \tag{3.22}$$

の解をそのグラフのスペクトルという [13,14]．一方，化学の分野では，ブタジエンやベンゼンなどの不飽和共役炭化水素分子の π 電子系の分子軌道のエネルギーなどを求める量子化学的な理論が盛んであるが，その中で最も簡単なヒュッケル分子軌道法では，(3.22) のスペクトルを求めることが重要な意味をもっている．そのため，さまざまな系列のグラフのスペクトルについての解析が進んでいる．

経路グラフと単環グラフの特性多項式の零点を求めてみよう．(3.13) と (3.14) のいずれの式からも，そのスペクトルの解析解を求めるのはかなり大変だが，次のような技巧法を用いることで求められる．まず，

$$x=t+\frac{1}{t} \tag{3.23}$$

を経路グラフの $P_{\mathrm{P}_n}(x)$ (表 1.3 の $S_n(x)$) と単環グラフの $P_{\mathrm{R}_n}(x)$ (表 3.3) に代入してみると非常にきれいな形になることがわかる．その結果の一部が表 3.4 である．

なんと，一般的に次の 2 式が成り立つのである．

$$P_{\mathrm{P}_n}\left(t+\frac{1}{t}\right)=\sum_{k=0}^{n} t^{n-2k}=\frac{t^n-\dfrac{1}{t^{n+2}}}{1-\dfrac{1}{t^2}}=\frac{t^{2(n+1)}-1}{t^n(t^2-1)} \tag{3.24}$$

$$P_{\mathrm{R}_n}\left(t+\frac{1}{t}\right)=\left(t^{n/2}-\frac{1}{t^{n/2}}\right)^2=\frac{(t^n-1)^2}{t^n} \tag{3.25}$$

n	$P_{\mathrm{P}_n}\left(t+\frac{1}{t}\right)$	$P_{\mathrm{R}_n}\left(t+\frac{1}{t}\right)$
1	$t+\frac{1}{t}$	——
2	$t^2+1+\frac{1}{t^2}$	$t^2-2+\frac{1}{t^2}$
3	$t^3+t+\frac{1}{t}+\frac{1}{t^3}$	$t^3-2+\frac{1}{t^3}$
4	$t^4+t^2+1+\frac{1}{t^2}+\frac{1}{t^4}$	$t^4-2+\frac{1}{t^4}$

表 3.4

一般に 1 の n 乗根は

$$1^{1/n}=\cos\frac{2k\pi}{n}+i\sin\frac{2k\pi}{n} \qquad (k=1,2,\cdots,n) \tag{3.26}$$

と表されるから，(3.24) に関しては，

$$t=\cos\frac{k\pi}{n+1}+i\sin\frac{k\pi}{n+1}, \tag{3.27}$$

(3.25) に関しては

$$t=\cos\frac{2k\pi}{n}+i\sin\frac{2k\pi}{n} \tag{3.28}$$

となり，それぞれ x の値として

$$x=2\cos\frac{k\pi}{n+1} \qquad (\text{経路グラフの特性多項式の零点}) \tag{3.29}$$

および，

$$x=2\cos\frac{2k\pi}{n} \qquad (\text{単環グラフの特性多項式の零点}) \tag{3.30}$$

という一般解が得られる．いずれの場合も $k=1,2,\cdots,n$ で n 個の解が得られるが，単環グラフの場合は，図 3.5 のように，± 2 の解以外は，すべて 2 重に縮重している．

ついでに，$M_{\mathrm{R}_n}(x)$ の方は，(3.21) を x に代入すると，

$$M_{\mathrm{R}_n}\left(t+\frac{1}{t}\right)=t^n+\frac{1}{t^n}=\frac{(t^{2n}+1)}{t^n} \tag{3.31}$$

となる．-1 の n 乗根は

$$(-1)^{1/n}=\cos\frac{(1-2k)\pi}{n}+i\sin\frac{(1-2k)\pi}{n} \tag{3.32}$$

$$(k=1,2,\cdots,n)$$

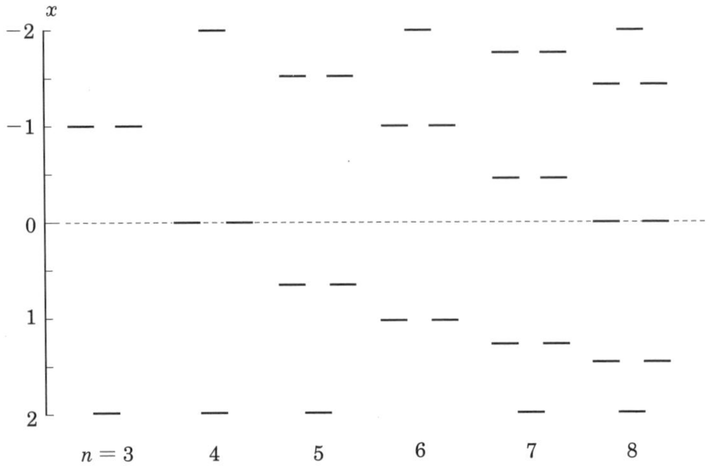

図 3.5　単環グラフ R_n のスペクトル

であるから，-1 の $2n$ 乗根を使って，

$$x = 2\cos\frac{1-2k}{2n}\pi \qquad (k = 1, 2, \cdots, n) \tag{3.33}$$

(単環グラフのマッチング多項式の零点)

が得られる．この解は縮重していない．

この二つの多項式 $M_{\mathrm{R}_n}(x)$ と $P_{\mathrm{R}_n}(x)$ のわずかな違い (3.12) でグラフのスペクトルがこんなにも大きく変わるというのは，数学的にも面白いだけでなく，分子の世界での電子の振る舞いの面白さと深さを意味しているのである．

ところで，肝心の (3.24) と (3.25) の証明はどうなのだろうか．そういうときは，困ったときの神頼み「数学的帰納法」に頼れば問題なくできるのでここでは省略する．

4　いくつかの正多面体グラフと特性多項式

環が 2 個以上のグラフについて特性多項式を (3.19) から求めるのは大変だと書いた．その手間のことはひとまず置いて，ここでいくつかの正多面体グラフについてのマッチング多項式と特性多項式の結果を表 3.5 に示すことにする．

正四面体と正八面体の $P_{\mathrm{G}}(x)$ の x^{n-3} の係数が -8 と -16 というのは，三

	正四面体	立方体	正八面体
	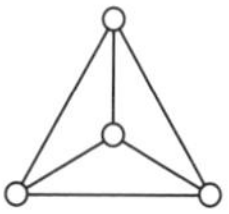	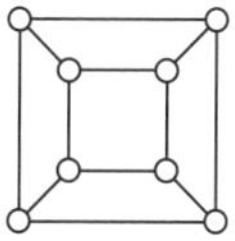	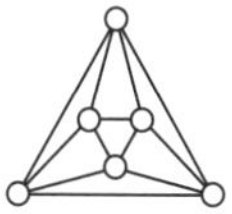
$M_{\mathrm{G}}(x)$	x^4-6x^2+3	$x^8-12x^6+42x^4-44x^2+9$	$x^6-12x^4+30x^2-8$
$P_{\mathrm{G}}(x)$	x^4-6x^2-8x-3	$x^8-12x^6+30x^4-28x^2+9$	$x^6-12x^4-16x^3$
$P_{\mathrm{G}}(x)$ の根	$x=3,-1\ (\times 3)$	$x=3, 1\ (\times 3), -1\ (\times 3), -3$	$x=4, 0\ (\times 3), -2\ (\times 2)$
Z_{G}	10	108	51

表 3.5

角形がそれぞれ，4, 8 個あることを意味している．立方体の $M_{\mathrm{G}}(x)$ と $P_{\mathrm{G}}(x)$ の x^{n-4} の係数の差が 12 というのは，6 個の 4 員環の存在のためである．一般に奇数員環の $P_{\mathrm{G}}(x)$ への寄与はわかりやすいが，偶数員環の寄与は直感的には見えにくくなっている．立方体の $M_{\mathrm{G}}(x)$ と $P_{\mathrm{G}}(x)$ の定数項が 9 で等しくなっているが，実はこれは非常に複雑な打ち消し合いの結果なのである．そういうことは，(3.19) を詳しく吟味することによって納得される．

頂点数が偶数 $2n$ のグラフ G の $M_{\mathrm{G}}(x)$ の定数項は完全マッチング数 $K(\mathrm{G})$ になっている．完全マッチング数というのは，2.3 節でも出てきたが，すべての頂点が n 本の互いに隣り合わない線のどれか一つに占有されているというもので，化学におけるケクレ構造式の数に対応する (図 1.4 を参照)．例えば，正四面体のグラフの完全マッチング数が 3 ということは，図 3.6 によって示される．

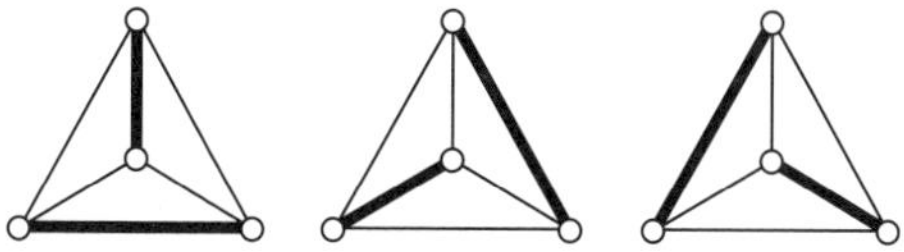

図 3.6

ここにあげたものより大きな正多面体や半正多面体 (semi-regular polyhedron，どの頂点にも，2 種類以上の正多角形が同じ数，同じ順序に集まっている多面体) の $K(\mathrm{G})$ は一般に highly composite，すなわち，素因数分解すると比較的小さな素数のべき乗の積で表されることが知られている．例えば，正二十面体の完全マッチング数 $K(\mathrm{G})$ は $125 = 5^3$，その角を全部切り落としたサッカーボール型の角切り二十面体の $K(\mathrm{G})$ は $12500 = 2^2 \cdot 5^5$ である．

現在ではこの 12500 という値は多くの研究者によって再確認されているが，著者とクラインらのグループが 1986 年に最初にこの数を論文に発表した [15-18]．元来 $p(\mathrm{G},k), K(\mathrm{G})$ や Z_G の計算は組合せの場合の数の計算なので，グラフが大きくなるにつれ急速にその計算量は増大して，組合せ論的爆発に直面することが多い．当時最速の計算機を用いても，計算時間がかかりすぎるので，漸化式を何段階にも重ねて苦労してこの数を求めた記憶がある．

ところで，表 3.5 にあげた三つの正多面体のスペクトル，すなわち特性多項式を 0 にする x はすべて整数になっている．正十二面体と正二十面体はそうではない．グラフ理論ではスペクトルがすべて整数のグラフを整数グラフ (integer graph) と呼んでいる．表 2.2 の経路グラフでは n が 1 と 2，表 3.3 にある単環系では，n が 2, 3, 4, 6 のもの，図 2.16 の中のネオペンタンと Z が 10 のヘキサンの異性体，また表 2.4 の中の Z が 20 のヘプタンも整数グラフである．整数グラフであるための条件を探すことは興味ある問題であるが，まだ完全には解析がなされていないようである．

また，表 3.5 に示した正多面体のグラフは，意図的にすべての線が交差しないように描いたもので，シュレーゲル図 (Schlegel diagram) と呼ばれる．一般の透視図よりは，グラフの対称性等の数学的性質を調べやすいので，グラフ理論ではよく使われている．グラフの中には，次節の表 3.6 の中で点の数が 4 以上の完全グラフなどのように，シュレーゲル図の描けないような非平面グラフがたくさん知られているが，多面体はすべて平面グラフなのでシュレーゲル図が描ける．

正多面体，半正多面体，それに次節で紹介する完全グラフのように，すべての頂点の次数 (そこに集まる辺の数) の等しいグラフを正則グラフ (regular graph) と呼ぶことも覚えておくとよい．

5　完全グラフ，エルミート多項式，ヤング図

n 個の点の間を全て結んだグラフを完全グラフといい，通常 K_n で表される．表 3.6 には n が 6 までのものを示してある．空グラフは，形式的に $n=0$ のメンバーとして加えてある．これはグラフ理論の世界のものである．一方，ある微分方程式の解の一群ではあるが，代数の世界に属するエルミート多項式というものが広く知られている．その定義に関してはいくつかの変種があるが，ここでは誤差関数を次のように微分して定義される $H_n(x)$ を考える [19-23]．これを $\mathrm{He}_n(x)$ という記号で表す流儀もあるようである [24]．

$$H_n(x) = (-1)^n e^{x^2} \frac{\mathrm{d}^n}{\mathrm{d}x^n} e^{-x^2} \tag{3.34}$$

その中の $n = 1, \cdots, 6$ のものを表 3.6 にあげてある．この H_n の変形の一つとして

$$h_n(x) = 2^{-n/2} H_n(x/\sqrt{2}) \tag{3.35}$$

というものも文献に見られる [19]．『岩波 数学公式』には，この h_n が H_n として紹介されているので注意すること [25]．この (3.35) は

n	K_n	$M_{\mathrm{K}_n}(x) = h_n(x)$	$H_n(x)$	Z_{K_n}
0	ϕ	1	1	1
1		x	$2x$	1
2		$x^2 - 1$	$4x^2 - 2$	2
3		$x^3 - 3x$	$8x^3 - 12x$	4
4	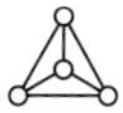	$x^4 - 6x^2 + 3$	$16x^4 - 48x^2 + 12$	10
5	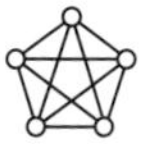	$x^5 - 10x^3 + 15x$	$32x^5 - 160x^3 + 120x$	26
6	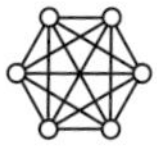	$x^6 - 15x^4 + 45x^2 - 15$	$64x^6 - 480x^4 + 720x^2 - 120$	76

表 3.6

$$h_n(x) = (-1)^n e^{x^2/2} \frac{\mathrm{d}^n}{\mathrm{d}x^n} e^{-x^2/2} \tag{3.36}$$

とも書ける．H_n と h_n はそれぞれ，

$$H_n(x) = 2xH_{n-1}(x) - 2(n-1)H_{n-2}(x) \tag{3.37}$$

$$h_n(x) = xh_{n-1}(x) - (n-1)h_{n-2}(x) \tag{3.38}$$

という漸化式に従っている．

変形エルミート多項式を (3.36) の形で紹介している本は少ないのだが，これは数学的に非常に重要な多項式だと著者は考えている．すなわち，表 3.6 で明らかなように，

「完全グラフのマッチング多項式 $M_{\mathrm{K}_n}(x)$ は変形エルミート多項式 $h_n(x)$ に等しい．」

$$M_{\mathrm{K}_n}(x) = h_n(x) \tag{3.39}$$

従来まったく関係のないように見えたグラフ理論を含めた幾何と代数や解析という異なる世界の諸概念が Z インデックスによって密接につながっていることがわかったのである．このあたりの一連の仕事は，著者の古くからの友人のグートマンとの共同研究によるものである[21,26]．詳しくは原論文を参照されたい．

なお，この $M_{\mathrm{K}_n}(x)$ の一般式は次のように書き表される．

$$\begin{aligned} M_{\mathrm{K}_n}(x) &= \sum_{k=0}^{\lfloor n/2 \rfloor} (-1)^k \frac{n!}{(n-2k)!\,k!\,2^k} x^{n-2k} \\ &= x^n + \sum_{k=1}^{\lfloor n/2 \rfloor} (-1)^k \binom{n}{2k} (2k-1)!!x^{n-2k} \end{aligned} \tag{3.40}$$

ここで，

$$n!! = \begin{cases} n(n-2)\cdots 2 & (n \text{ が偶数}) \\ n(n-2)\cdots 1 & (n \text{ が奇数}) \end{cases}$$

である．

表 3.6 には，完全グラフの Z 値も示してある．この数列を仮に Y_n で表すことにしよう．表 3.7 に数列 Y_n の値を示した．

この数列は次のような漸化式に従っている．これは Z インデックスの漸化式から容易に導かれる．

n	0	1	2	3	4	5	6	7	8
Y_n	1	1	2	4	10	26	76	232	764

表 3.7

$$Y_n = Y_{n-1} + (n-1)Y_{n-2} \qquad (n \geqq 2) \tag{3.41}$$

$$Y_0 = Y_1 = 1 \tag{3.42}$$

ところでこの数列をスローンの Integer Sequences で探すと A000085 というコードが付けられており，n 個のセルからなるヤング図の数であると書かれている[27]．それについては後で詳しく説明するが，その次には $n \times n$ の symmetric permutation matrix の数に等しいという記述がある．これは，表 3.8 に示すような，どの行と列にも 1 が一つずつしかなく，あとの要素はすべて 0 という n 行 n 列の行列で，左上から右下に向かう対角線について対称なものの数が表 3.7 に従う，ということである．

$$\begin{pmatrix}1&0\\0&1\end{pmatrix}, \begin{pmatrix}0&1\\1&0\end{pmatrix},$$

$$\begin{pmatrix}1&0&0\\0&1&0\\0&0&1\end{pmatrix}, \begin{pmatrix}1&0&0\\0&0&1\\0&1&0\end{pmatrix}, \begin{pmatrix}0&1&0\\1&0&0\\0&0&1\end{pmatrix}, \begin{pmatrix}0&0&1\\0&1&0\\1&0&0\end{pmatrix},$$

$$\begin{pmatrix}1&0&0&0\\0&1&0&0\\0&0&1&0\\0&0&0&1\end{pmatrix}, \begin{pmatrix}1&0&0&0\\0&1&0&0\\0&0&0&1\\0&0&1&0\end{pmatrix}, \begin{pmatrix}1&0&0&0\\0&0&1&0\\0&1&0&0\\0&0&0&1\end{pmatrix}, \begin{pmatrix}1&0&0&0\\0&0&0&1\\0&0&1&0\\0&1&0&0\end{pmatrix}, \begin{pmatrix}0&1&0&0\\1&0&0&0\\0&0&1&0\\0&0&0&1\end{pmatrix},$$

$$\begin{pmatrix}0&1&0&0\\1&0&0&0\\0&0&0&1\\0&0&1&0\end{pmatrix}, \begin{pmatrix}0&0&1&0\\0&1&0&0\\1&0&0&0\\0&0&0&1\end{pmatrix}, \begin{pmatrix}0&0&1&0\\0&0&0&1\\1&0&0&0\\0&1&0&0\end{pmatrix}, \begin{pmatrix}0&0&0&1\\0&1&0&0\\0&0&1&0\\1&0&0&0\end{pmatrix}, \begin{pmatrix}0&0&0&1\\0&0&1&0\\0&1&0&0\\1&0&0&0\end{pmatrix}$$

表 3.8

また，この数列は完全グラフのマッチングの総数に等しいとも書かれてあるが，これは Z 値にほかならない．さらに，n 個の異なるものを 1 個か 2 個からなるグループに分ける方法の数に等しいとある．完全グラフは，n 個の点の間を全て線で結んだグラフだから，2 個のグループというのはそのグラフの中の1本の線を選んだことに等しい．結局，これは完全グラフについて $p(\mathrm{G},k)$ の数え上げの操作と同等のことをしているわけで，この二つの記述は同じ内容で，式に書けば

$$Y_n = Z_{\mathrm{K}_n} \tag{3.43}$$

ということである．

ここでヤング図 (Young tableaux) の説明をしよう．それは，図 3.7 のように1から n までの正の整数を正方格子上に連結して並べ，どの列でもどの行でも数の大小の順序に逆転がないように描いた図で，組合せ理論や，数論における整数の分割 (partition) の問題によく使われている．

ここでかりに，n 個の正方形からできているヤング図を「n-ヤング図」ということにしよう．図 3.7 には，$n=1\sim5$ の n-ヤング図がすべて描かれてあるが，それぞれの n についてもグループ分けしてあるので，それについて説明する

すでに第1章の図 1.2 のところで紹介したが，正方形を2枚つなげた 1×2 の長方形を「ドミノ」ということがある．図 3.7 にあるような一つのヤング図の中のある行が，$1\times2m$ または $1\times(2m+1)$ の長方形だと，そこに m 個のドミノを横に置くことができる．図 3.7 の n-ヤング図は，この「横ドミノ」の置ける数，$0,1,2,\cdots$ ごとに区分けしてある．$n=4$ について言えば，10 個の 4-ヤング図は，この順に 1,6,3 個ずつに分けられる．k 個の「横ドミノ」を置ける n-ヤング図の総数を $y(n,k)$ とすれば，

$$Y_n = \sum_{k=0}^{\lfloor n/2 \rfloor} y(n,k) \tag{3.44}$$

と書ける．

ところで，この 1,6,3 という $y(4,k)$ の値は，完全グラフ K_4 の $p(\mathrm{G},k)$ と同じではないか．表 3.6 の K_2 から K_5 までのグラフの $M_{\mathrm{K}_n}(x)$ の係数の絶対値と図 3.7 の $y(n,k)$ がすべて一致していることがわかる．K_0 と K_1 についても，形式的にあっていることはわかるであろう．さらに，図には示してないが，6-ヤング図と 7-ヤング図についてもこのことは確かめられている．現時点では，この一致が何を意味しているかは残念ながら著者もわからない．しかし，

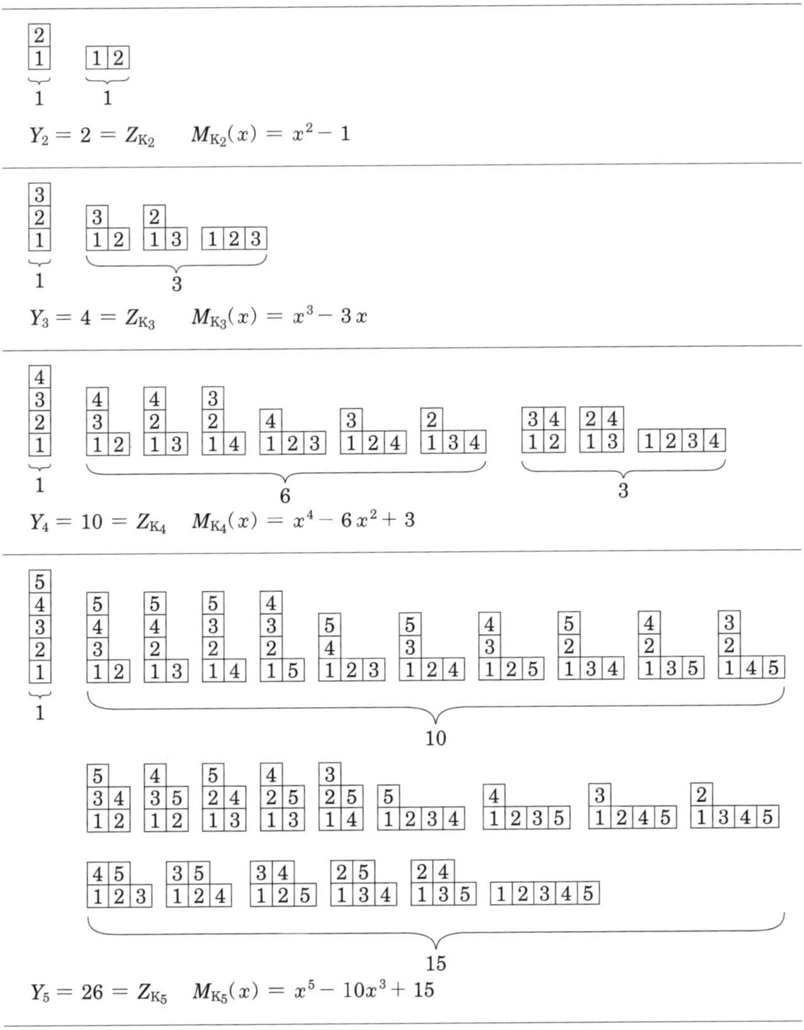

図 3.7　ヤング図とマッチング多項式の関係

「n-ヤング図の数 Y_n は完全グラフ K_n の Z 値に等しい」

だけでなく，

「n-ヤング図の $y(n,k)$ は完全グラフ K_n の $p(\mathrm{G},k)$ に等しく，かつ，それはエルミート多項式の係数の絶対値に等しい」

ことは断言できるのである．その意味づけについては読者も一緒に考えてほしい．

これらの図から，ヤング図の総数だけでなく，その内訳がマッチング多項式の係数，すなわち $p(\mathrm{G},k)$ の値と対応していることを示している．まだ，きちんとした証明は得られていないが，

「完全グラフのマッチング多項式の各項の係数はヤング図の部分集合の大きさと 1 対 1 に対応する」

また，

「ヤング図の数 Y_n は完全グラフ K_n の Z 値に等しい」

と強く予想できる．

6　2 色完全グラフとラゲール多項式 [21,26]

m 個の点と n 個の点をとり，同じ組の点どうしは結ばないが，異なる組の点の間の mn 本はすべて結ぶようにしてできたグラフを 2 色完全グラフ $\mathrm{K}_{m,n}$ という．

一方，直交関数系の中にラゲール多項式という大事な 1 群がある．その定義については，数学者と物理や化学の研究者との間に若干の違いがあるのだが，ここでは後者の方をあえてとることにする．実は，結果的にもその方が $\mathrm{K}_{m,n}$ との対応がきれいになるのである．ラゲール多項式を次のように定義する．

$$L_n^{\alpha}(x) = \frac{\mathrm{d}^{\alpha}}{\mathrm{d}x^{\alpha}}\left(e^{x}\frac{\mathrm{d}^{n}}{\mathrm{d}x^{n}}(x^{n}e^{-x})\right) \tag{3.45}$$

特に $\alpha = 0$ の場合を狭義のラゲール多項式，それ以外の場合をラゲール陪多項式と区別して呼ぶことが多い．ラゲールは 19 世紀後半に活躍したフランスの数学者で，ある種の微分方程式の解の 1 群としてこれらの多項式が提出された．彼の死から 30 年くらい後にヨーロッパでは，原子や分子の構造を理論

的に解き明かす量子力学が作り上げられつつあったのだが，1926年にオーストリアの若き数学者シュレーディンガーが水素原子の構造を解き明かすために，現在は彼の名が冠されている微分方程式を考え出した．その解析解を得るために，当時のヨーロッパ中の優れた物理学者が知恵を寄せ集めて微積分の再構築を行い，19世紀に花咲いたルジャンドル，エルミート，ラゲール，チェビシェフらの直交多項式群が再び脚光を浴びるようになったのである．

それらが，具体的に原子や分子の世界の謎解きにどのように役に立っているかは，量子力学や量子化学の本を参照していただきたい．しかし，これらの多項式はあくまでも最終的な答を得るための手段として使われているので，式の中の一つ一つの係数のもつ意味については議論の対象になったことはなかった．

そういう目で表3.9と3.10を見てほしい．(3.45)で定義されたラゲール多項式を

$$M_{\mathrm{K}_{n,n}}(x) = (-1)^n L_n^0(x^2) \tag{3.46}$$

$$M_{\mathrm{K}_{m,n}}(x) = \frac{(-1)^m\, n!\, x^{m-n}}{m!} L_m^{m-n}(x^2) \qquad (m \geqq n) \tag{3.47}$$

のように若干変形するだけで，それが2色完全グラフのマッチング多項式になっているのである．これらの係数はみなこれらのグラフの $p(\mathrm{G},k)$ である．これらの多項式の一般式も

n	$\mathrm{K}_{n,n}$	$M_{\mathrm{K}_{n,n}}(x) = (-1)^n L_n^0(x^2)$	Z_{G}
0	ϕ	1	1
1		$x^2 - 1$	2
2		$x^4 - 4x^2 + 2$	7
3		$x^6 - 9x^4 + 18x^2 - 6$	34
4	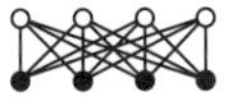	$x^8 - 16x^6 + 72x^4 - 96x^2 + 24$	209

表 3.9　2色完全グラフとラゲール多項式 (1)

m	n	$\mathrm{K}_{m,n}$	$M_{\mathrm{K}_{m,n}}(x)$	$L_m^{m-n}(x)$
2	1		x^3-2x	$2x-4$
3	1		x^4-3x^2	$-6x+18$
3	2	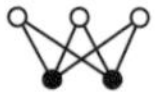	x^5-6x^3+6x	$-3x^2+18x-18$
4	1	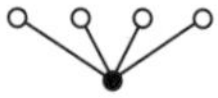	x^5-4x^3	$24x-96$
4	2	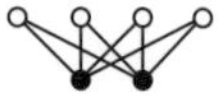	$x^6-8x^4+12x^2$	$12x^2-96x+144$
4	3	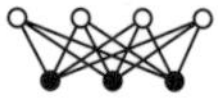	$x^7-12x^5+36x^3-24x$	$4x^3-48x^2+144x-96$

表 3.10　2 色完全グラフとラゲール多項式 (2)

$$M_{\mathrm{K}_{n,n}}(x)=\sum_{k=0}^{n}(-1)^k\frac{(n!)^2}{\{(n-k)!\}^2\,k!}x^{2n-2k} \tag{3.48}$$

$$M_{\mathrm{K}_{m,n}}(x)=\sum_{k=0}^{\min\{m,n\}}(-1)^k\frac{m!\,n!}{(m-k)!\,(n-k)!k!}x^{m+n-2k} \tag{3.49}$$

のように得られている．その証明は論文[26]を参照してほしい．

7　こぶつきルカ三角形の物理的意味

原子の中には，原子番号の数だけの電子があるが，その電子の入る容れ物を原子軌道という．エネルギーの低い，原子核に近いものから順に 1,2,3 という主量子数 n が割り振られている．$n=1$ であるのは球対称の 1s 軌道しかない．ヘリウム原子は，ここに 2 個の電子が入って安定な閉殻 (K 核) をつくる．次の $n=2$ には球対称の 2s のほかに細長い 3 種の 2p 軌道がある．ネオン原子は，K 核の外側に，$n=2$ の 4 個の軌道に 2 個ずつ電子を入れた L 核のオクテット (八つ子) ができているので，安定な希ガスになる．

さらに大きな原子では，$n=3$ である，1 個の 3s，3 個の 3p，5 個の 3d という軌道が用意されている．このようにして，s, p, d, f, $\cdots$ 軌道の種類 (縮重度) は $2l+1$ ($l=0,1,2,3,\cdots$) となっている．

このようなマジックナンバーは，水素原子のシュレーディンガー方程式を解くと機械的に現れるので，大学の化学や物理の専門の講義でもあまり詮索されていないようである．だから，p 軌道が x, y, z 軸に対応して 3 種類あるのは容易に納得されても，d 軌道が 5 種類あるのはなぜだろうと，改めて問いただされると大抵の人は慌ててしまう．

以上は，われわれの知っている 3 次元の世界の原子のことである．仮想的な 2 次元の世界の原子の問題を解いてみると，s は 1 個で，p, d, f などはすべて 2 個しか出てこない．1 次元では，s は 1 個，p も 1 個で，d 以後は 0 である．では，4 次元の世界の原子軌道はどうであろうか．もちろん，次元の高いシュレーディンガー方程式をやみくもに解けば答えは出てくるはずだが，そんなに簡単な問題ではない．

そこで，n が 3 までの数値から得られた漸化式を仮定するというズルをした結果，大きな n も含めた場合の答が表 3.11 のように得られたのである [3,4,28,29]．そこで今までにわかっていた数値は太字で印刷してある．$l = 0$ の s 軌道は，n が何であっても 1 だということは正しいとすれば，後は上隣と左隣の数の足し算，すなわち ∠ 型の足し算を繰り返すだけである．

l		n				
		1	2	3	4	5
0	s	**1**	**1**	**1**	1	1
1	p	**1**	**2**	**3**	4	5
2	d	**0**	**2**	**5**	9	14
3	f	**0**	**2**	**7**	16	30
4	g	**0**	**2**	**9**	25	55

表 3.11

なんと 4 次元の世界の原子軌道の s, p, d, f, ⋯ 軌道の種類は平方数なのだ．この裏打ちとなる量子力学的な議論もすでにできているのだが，ここでは省略する．原報を参照してほしい．その証明にも，(3.3) の関係は使ってある．

この表を左右逆に書き直してから反時計方向に 45 度回転させると図 3.2(d) のこぶつきルカ三角形 LuT′ が得られる．このルカ三角形 LuT′ の各要素の隣接する数字の間を斜線で結んだ絵を図 3.8 に示した．

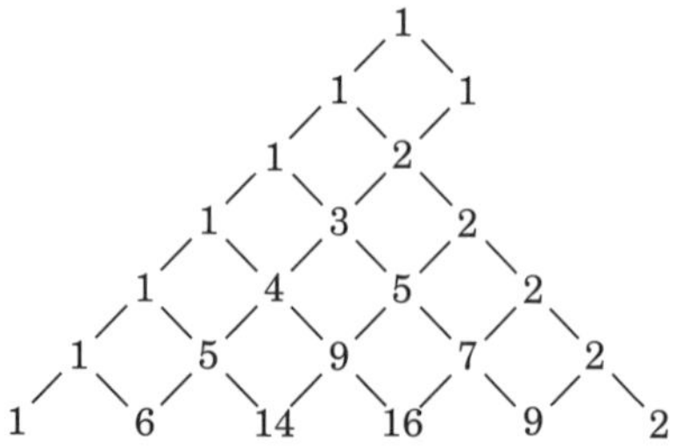

図 3.8　原子軌道の縮重度とこぶつきルカ三角形

そこである要素，例えば 9 を選んだとすると，その数は一番上の点から迂回をせずにその点まで線上をたどり降りてくる方法の数になっていることに注意したい．つまり，ある n 次元のある原子軌道が，それより次元の低い世界のどの原子軌道の性質を受け継いでいるかを，このダイヤグラムは意味しているのである．

このように，化学や物理の世界に出てくる 2 種類のルカ三角形 LuT (表 3.1) と LuT′ (表 3.11) の背後にある数理的構造は，図 3.2 のように根本的に異なるものであることが了解されるであろう．

第 3 章の問題

（1） 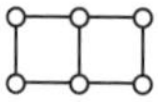 というグラフの非隣接数 $p(\mathrm{G},k)$ をすべて求めてから，(3.19) を使って特性多項式を求めよ．さらに，そのスペクトルも求めよ．

（2） 経路グラフ ($n = 1 \sim 6$) のスペクトル (3.29) を図 3.5 のようにプロットせよ．それをもとに，n が無限に大きくなったときのスペクトルがどうなるか予想せよ．

（3） (1.6) と (2.16)，および図 3.4 を使って，「単環グラフ R_n の Z 値がルカ数に一致する」ことを証明せよ．

（4） (3.1) を証明せよ．

第 3 章の参考文献

[1] M. Feinberg, *Fibonacci Quarterly*, **5** (1967) 486.
[2] M. Koshy, *Fibonacci and Lucas Numbers with Applications*, Wiley (2001).
[3] H. Hosoya, *J. Phys. Chem.*, **A 101** (1997) 418.
[4] H. Hosoya, *J. Math. Chem.*, **23** (1998) 169.
[5] H. W. Gould, W. E. Greig, *Fibonacci Quarterly*, **23** (1985) 66.
[6] D. Logothetti, *Fibonacci Quarterly*, **19** (1981) 276.
[7] H. Hosoya, *Bull. Chem. Soc. Jpn.*, **44** (1971) 2332.
[8] E. J. Farrell, *J. Combin. Theory*, **B27** (1979) 75.
[9] J. Aihara, *J. Am. Chem. Soc.*, **98** (1976) 2750.
[10] I. Gutman, M. Milun, N. Trinajstic, *J. Am. Chem. Soc.*, **99** (1977) 1692.
[11] H. Hosoya, *Theor. Chim. Acta*, **25** (1972) 215.
[12] H. Sachs, *Publ. Math. (Debrecen)*, **11** (1964) 119.
[13] D. M. Svetkovic, M. Doob, H. Sachs, *Spectra of Graphs* (3rd Ed.), Johann Ambrosius Barth (1995).
[14] D. M. Svetkovic, P. Rowlinson, S. Simic, *An Introduction to the Theory of Graph Spectra*, Cambridge Univ. Press (2010).
[15] H. Hosoya, *Comp. & Maths. with Appls.*, **12B** (1986) 271.
[16] D. j. Klein, T. G. Schmalz, G. F. Hite, W. A. Seitz, *J. Am. Chem. Soc.*, **108** (1986) 1301.
[17] 細矢治夫, 『数学セミナー』, **50** (5) (2011) 51.
[18] 佐武一郎, 『数学セミナー』, **49** (10) (2010) 45.
[19] L. A. Lyusternik, O. A. Shelvonenkis, A. R. Yanpol'skii, *Handbook for Computing Elementary Functions*, Pergamon (1965).
[20] M. Abramowitz, I. A. Stegun, *Handbook of Mathematical Functions*, Dover (1984).
[21] H. Hosoya, *Natl. Sci. Rept. Ochanomizu Univ.*, **32** (2) (1981) 127.
[22] E. W. Weisstein, *CRC Concise Encyclopedia of Mathematics*, Chapman & Hall/CRC (2003).
[23] 犬井鉄郎, 『特殊関数』岩波全書 (1962).
[24] `http://mathworld.wolfram.com/MatchingPolynomial.html`
[25] 森口繁一, 宇田川銈久, 一松信, 『数学公式 III』岩波全書 (1960).
[26] I. Gutman, H. Hosoya, *Theor. Chim. Acta*, **48** (1978) 279.
[27] `http://oeis.org/A000085`
[28] H. Hosoya, *J. Mol. Struct.* **352/353** (1995) 561.
[29] H. Hosoya, *Int. J. Quant. Chem.*, **64** (1997) 35.

本書に登場する数学者たち

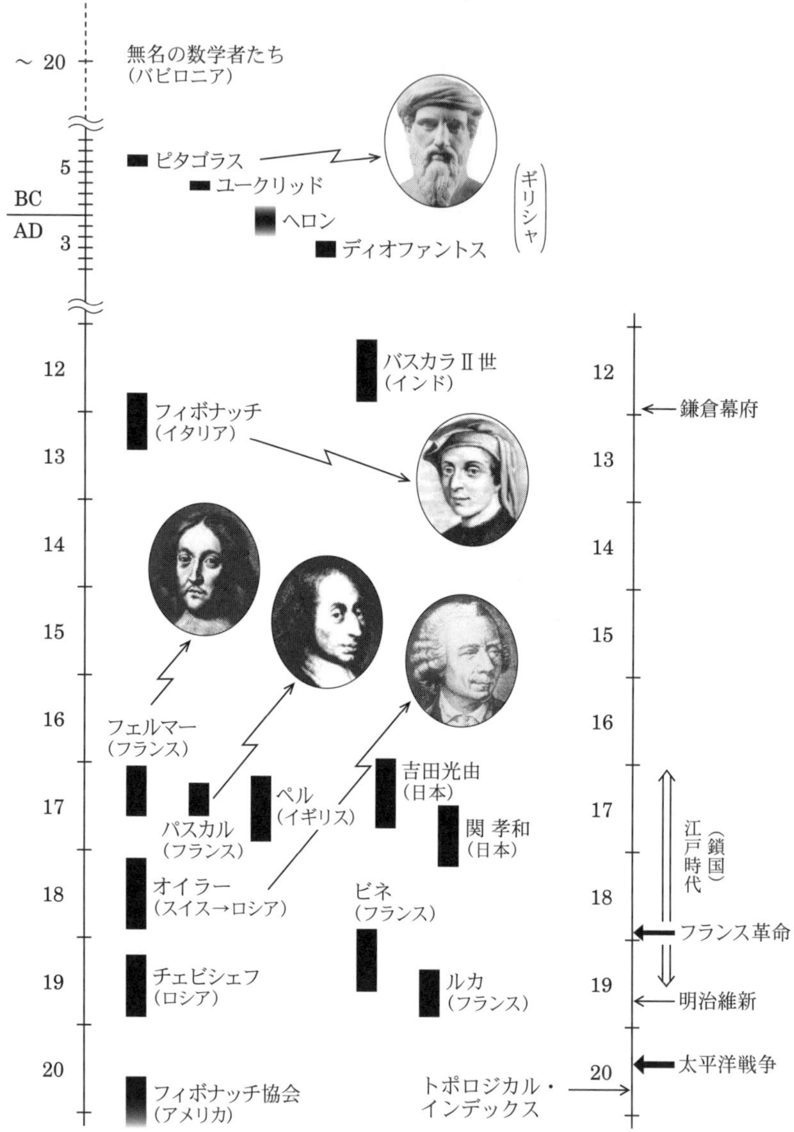

4章

ペル方程式とトポロジカル・インデックス

1　平方根の連分数展開

本章と次章では,

$$ax+by=\pm 1 \qquad \text{(ディオファントスの (1 次の) 不定方程式)} \tag{4.1}$$

と

$$x^2-Dy^2=\pm N \qquad \text{(ペル方程式)} \tag{4.2}$$

のような, 一つの方程式から二つの変数 x と y の整数解を求める, いわゆるディオファントスの不定方程式における Z インデックスの役割を紹介する. 通常は次数の小さい場合, すなわち (4.1) の方から先に説明をすべきかもしれないが, ここでは 2 次のペル方程式の方から始めることにする. (4.1) については第 5 章で説明する. (4.2) においては, 平方根という無理数の連分数展開についての予備知識が必要なので, まずそれらについて簡単に説明する.

すでに紹介した連分数はすべて有理数についてのものだった. これに対して, 一般に正の非平方の整数 D の平方根は無限の循環連分数で表されることが知られている [1-8].

$$\begin{aligned}\sqrt{D}&=[a_0;a_1,a_2,\cdots,a_k,a_1,a_2,\cdots,a_k,\cdots]\\&=[a_0;\overline{a_1,a_2,\cdots,a_k}]\end{aligned} \tag{4.3}$$

具体例を二つ示そう

$$\sqrt{14}=[3;1,2,1,6,1,2,1,6,1,\cdots]=[3;\overline{1,2,1,6}] \qquad (k=4) \tag{4.4}$$

$$\begin{aligned}\sqrt{29}&=[5;2,1,1,2,10,2,1,1,2,10,2,\cdots]\\&=[5;\overline{2,1,1,2,10}] \qquad (k=5)\end{aligned} \tag{4.5}$$

ここで

$$a_k = 2a_0 \tag{4.6}$$

および $a_1a_2\cdots a_{k-1}$ の数列が鏡映対称になっているが，これらは平方根の循環連分数について共通の性質である．

さてこの $\sqrt{14}$ の循環連分数の初めの数周期までの値を計算してみると，

$$\begin{aligned}
[3;1,2,1,6] &= 3+\frac{1}{1+}\frac{1}{2+}\frac{1}{1+}\frac{1}{6} = \frac{101}{27} = \underline{3.74}074\cdots \\
[3;1,2,1,6,1,2,1,6] &= \frac{3027}{809} = \underline{3.74165}63\cdots \\
[3;1,2,1,6,1,2,1,6,1,2,1,6] &= \frac{90709}{24243} = \underline{3.7416573}856\cdots
\end{aligned} \tag{4.7}$$

のように，問題の無理数のかなりよい近似値が求められる．

$\sqrt{29}$ に関しては，

$$[5;2,1,1,2,10] = \frac{727}{135} = \underline{5.3851}85\cdots$$

$$[5;2,1,1,2,10,2,1,1,2,10] = \frac{101785}{18901} = \underline{5.38516480}60\cdots$$

のように収束の速度がもう少し早くなる．これは，循環長 k の長さの違いに原因があると思われる．

これらの近似値 P/Q の分母と分子 P,Q を実際に計算して求めるためには，左端から順々に計算していかなければならないので，筆算としては厄介である．そこでこの問題をオイラーは，1.4 節で紹介した連分多項式を導入することによって少し簡単にした[9]．

つまり (4.7) の $\sqrt{14}$ を例にとれば，

$$[3;1,2,1,6] = \frac{K_5(3,1,2,1,6)}{K_4(1,2,1,6)},$$

$$[3;1,2,1,6,1,2,1,6] = \frac{K_9(3,1,2,1,6,1,2,1,6)}{K_8(1,2,1,6,1,2,1,6)}$$

のように，連分数は二つの連分多項式の値の比として計算される．その際に，

$$K_0(\ ) = 1,$$

$$K_1(6) = 6,$$

$$K_2(1,6) = 1\times 6+1 = 7,$$

$$K_3(2,1,6) = 2\times7+6 = 20,$$

$$K_4(1,2,1,6) = 1\times20+7 = 27,$$

$$K_5(3,1,2,1,6) = 3\times27+20 = 101$$

のような順序で計算するのが最短の方法である．しかしそれでも，一方向に順々に計算しなければならない．

ところが，2.6 節で紹介したように [10]，「連分多項式 $K_n(a_1,a_2,\cdots,a_n)$ は $\mathrm{C}_n(a_1,a_2,\cdots,a_n)$ という毛虫グラフの Z インデックスにほかならない」のだから，上の分母と分子の $K_4(1,2,1,6)$ と $K_5(3,1,2,1,6)$ は，図 4.1 のように Z 値の漸化式を使うことによって簡単に求まる．

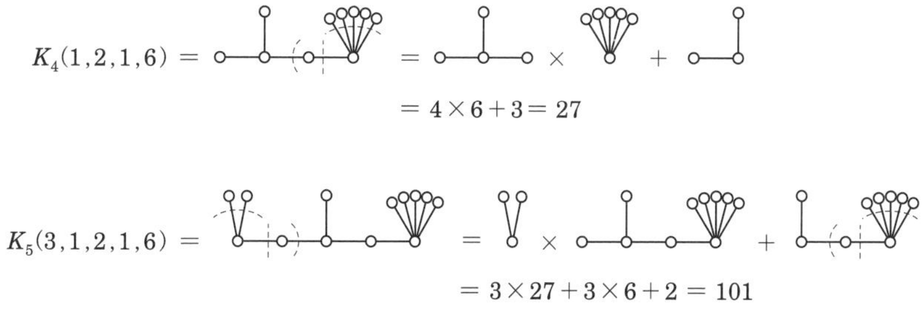

図 4.1　連分数 [3;1,2,1,6] を与える 2 匹の毛虫グラフとその Z 値の計算法．破線のところで漸化式を使っている．

その際に，図 2.9, 2.12, 2.13 などを見直して，小さく基本的なグラフの Z 値と計算法を思い出してほしい．同様に (4.7) の先の方も，図 4.2 のように毛虫グラフの Z 値の計算としてきわめて楽に計算することができる．

このように，平方根の連分数展開による有理数近似の計算は，毛虫グラフを描き，その Z 値を計算することによって劇的に楽になることがわかったであろう．オイラーの連分多項式の図形的な意味も明瞭になったのである．

さてここで例にあげた $\sqrt{14}$ の循環長 $(k=4)$ は偶数で，$\sqrt{29}$ の方は 5 という奇数だが，先に述べたように，いずれの場合も a_1 から a_{k-1} までの数字の並びは常に鏡映対称になっている．平方根を連分数展開したときの循環長の偶奇性の違いは，後に示すようにペル方程式の解の構造の違いに反映される．

なおディオファントスの不定方程式に関しては古今いろいろな論文や本が出ているが，どういうわけかあまり系統だったものがなかったというのが実

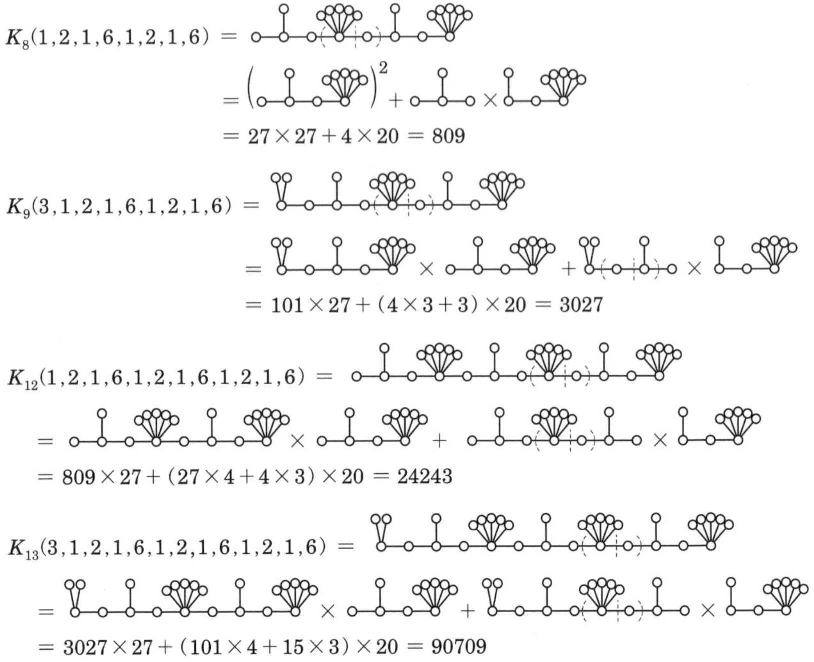

図 **4.2**　循環連分数 (4.7) の計算に必要な大きな毛虫の Z 値の計算

情である．現在入手可能ないくつかの文献をあげておくので一応参考にしてほしい[1-8]．また現在では，*Mathematica* などの便利なコンピュータソフトがあるので，解をただ知りたいだけなら，難しい問題でも簡単に結果が得られるが，問題の本質の解明とは別だということは読者も納得しておられるであろう．以下の記述は主に著者の原著論文[10-17] をベースにしたもので，厳密な証明をくどくどと書くかわりに，どのようにしてこの問題を切り崩すことができたかがわかるように，種明かしに重きをおく記述に努めた．

2　ペル方程式の最小解の振る舞い

ペル方程式の解法を説明する前に，いろいろな D の値に対して (4.2) についての x と y の最小解がどのようなものかをまず示すことにする．

まず，(4.2) を

$$x^2 - Dy^2 = 1 \tag{4.8}$$

のような方程式 (これを Pell-1 と呼ぶ) と

$$r^2 - Ds^2 = -1 \tag{4.9}$$

のような方程式 (Llep-1 と呼ぶ) の二つの場合に分けて考える．両者を合わせて

$$t^2 - Du^2 = \pm 1 \tag{4.10}$$

のように考えるときは Pellep-1 と呼ぶことにしよう．(4.8)~(4.10) の右辺が 1 以外の N の場合には，それぞれ Pell-N, Llep-N, Pellep-N と呼ぶことにする[11]．これらの命名は著者の遊び心によるものであるが，問題を整理して考えるときに便利なので広めたいと思っている．また，(4.8)~(4.10) における変数 (x, y), (r, s), (t, u) の使い分けも頭に入れておいてほしい．

まず $D = 2$ の場合，Pell-1 と Llep-1 に対してそれぞれ

$$3^2 - 2\times 2^2 = 1, \quad 17^2 - 2\times 12^2 = 1, \quad 99^2 - 2\times 70^2 = 1, \quad \cdots \tag{Pell-1}$$

$$1^2 - 2\times 1^2 = -1, \quad 7^2 - 2\times 5^2 = -1, \quad 41^2 - 2\times 29^2 = -1, \quad \cdots \tag{Llep-1}$$

のような解が無数に存在するが，$D = 3$ の場合は，

$$2^2 - 3\times 1^2 = 1, \quad 7^2 - 3\times 4^2 = 1, \quad 26^2 - 3\times 15^2 = 1, \quad \cdots \tag{Pell-1}$$

のように Pell-1 の解しか存在しない．

さらに D の値を一つずつ大きくしていくと，表 4.1 に見られるように多少のでこぼこはあるが，Pell-1 と Llep-1 の最小解 (x_1, y_1) と (r_1, s_1) の値は少しずつ増加していくように見える．

ところが，$D = 61$ になると突然発狂したように最小解が

$$1766319049^2 - 61\times 226153980^2 = 1 \quad \text{(Pell-1)}$$

$$29718^2 - 61\times 3805^2 = -1 \quad \text{(Llep-1)}$$

のように大きな数になることがかなり古くから知られていた．61 の前後では

$$31^2 - 60\times 4^2 = 1 \quad \text{(Pell-1)}$$

$$63^2 - 62\times 8^2 = 1 \quad \text{(Pell-1)}$$

	Pell-1		Llep-1			
D	x_1	y_1	r_1	s_1	k	$\sqrt{D}$
2	3	2	1	1	1	$[1;\overline{2}]$
3	2	1			2	$[1;\overline{1,2}]$
5	9	4	2	1	1	$[2;\overline{4}]$
6	5	2			2	$[2;\overline{2,4}]$
7	8	3			4	$[2;\overline{1,1,1,4}]$
8	3	1			2	$[2;\overline{1,4}]$
10	19	6	3	1	1	$[3;\overline{6}]$
11	10	3			2	$[3;\overline{3,6}]$
12	7	2			2	$[3;\overline{2,6}]$
13	649	180	18	5	5	$[3;\overline{1,1,1,1,6}]$
14	15	4			4	$[3;\overline{1,2,1,6}]$
15	4	1			2	$[3;\overline{1,6}]$

表 4.1　D が 16 以下の連分数展開と Pell-1, Llep-1 の最小解

という小さな数にまとまっているのである．なお，この $\sqrt{61}$ の連分数展開は

$$\sqrt{61} = [7;\overline{1,4,3,1,2,2,1,3,4,1,14}]$$

で，$k = 11$ という大きな値になっている．

連分数やペル方程式に関しては，17 世紀のフランスのフェルマーはかなり詳しく知っていたようである．不定方程式にからむ難問の挑戦状を海の向うのイギリスの数学者に突きつけていた記録がある．一方ペルのほうはこの方程式の解析にはほとんど寄与していない．このあたりの歴史的な事実をよく知らなかったオイラーがうっかりとペル方程式という名前をつけてしまったのである．フェルマーの名誉を回復させようとして「フェルマー-ペル方程式」と呼ぶ人もいるが，本書では一応ペル方程式の名を使うことにする．オイラーは連分多項式を考えだして，この問題や連分数の取扱いを楽にしたという貢献をしている．

オイラーが連分多項式の概念を導入してから 40 年後に，ラグランジュがペル方程式の標準的な解法のアルゴリズムを確立した．ところが，それより

600 年も前にインドのバスカラ II 世は，そのラグランジュとまったく同じ定式化を成し遂げていただけでなく，ある種の問題 (それは D の値に依存するのだが) に関しては，まわりくどい算法を若干スキップする近道を発見している．しかし，これは数字の扱いにかなり習熟していないとできない玄人の名人芸のような方法ではある．

それに対して，著者の Z インデックスと毛虫グラフのアイデアを使えば，ペル方程式の従来の解法よりかなり速いアルゴリズムが得られただけでなく，これらの解の持つ図形的な意味も知ることができたのである．これについては 4.4 節で解説するが，その前に，ペル方程式の解のもつ面白い性質をいくつか紹介しておきたい．

表 4.1 から推定される

「循環長 k が奇数のときだけ Llep-1 に解が存在する」

ことは古くから知られている．また，k が大きいほど Pell も Llep も最小解が大きくなることも予想される．しかし，これはおおざっぱな傾向がそうだということで，きちんとした関係があるのではない．例えば，

$$\sqrt{46} = [6; \overline{1, 3, 1, 1, 2, 6, 2, 1, 1, 3, 1, 12}]$$

で $k = 12$ とかなり大きいが，その (4.8) の最小解は (24335, 3588) で，$k = 11$ の $D = 61$ の解の桁数の半分でしかない．この大きさの違いも，実は Z インデックスで説明できるのだ．

表 4.1 だけでは情報が少なすぎるので，D が 100 以下の非平方数のペル方程式 (4.8) の最小解の中の y_1 の値を図 4.3 にプロットした [11]．縦軸が対数プロットであることに注目してほしい．カオス的に暴れている様子がわかるであろう．最小解 x_1 の振る舞いも同様である．何本かの曲線は，ある多項式でいくつかの解が表されることを示している．さらに 10000 以下の D について調べると，この図 4.3 の点の中で星印をつけた 4 つのもの以外はすべて仲間を見つけることができた [11]．この 4 つの lonely star たちももっと範囲を広げて調べれば，おそらく仲間が見つかるのではないかというのが著者の予測である．

先ほど話題にした $D = 61$ にも無数の仲間がいることがわかった．

$$D = 100m^2 \pm 44m + 5$$

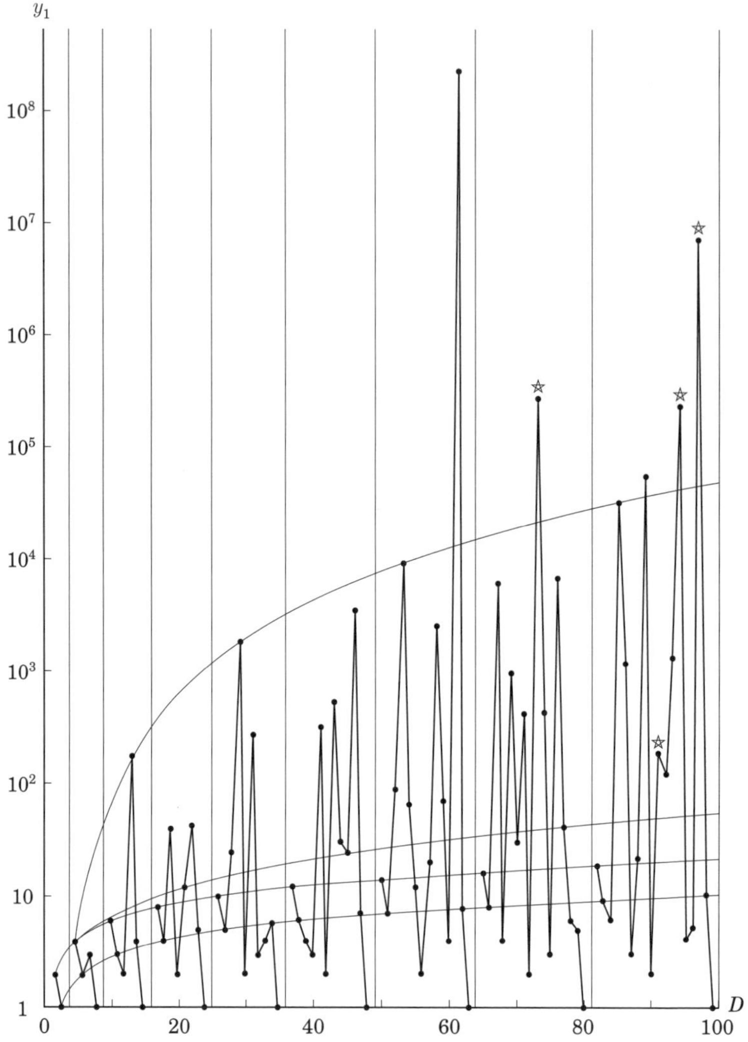

図 **4.3**　ペル方程式 $x^2 - Dy^2 = 1$ の最小解 y_1 の D 依存性 [11]

$$x = 8[(25m \pm 5)^3 + (25m \pm 6)^3]^2 + 1 \tag{4.11}$$
$$y = 20[(25m \pm 5)^3 + (25m \pm 6)^3][(25m \pm 5)^2 + (25m \pm 6)^2]$$

ここの m に $1,2,3,\cdots$ を入れていくと，2組の D 群の Pell-1 の解が得られる．複号の ± をマイナスにした群の最小のものが $D = 61$ で，その後に 317, 773 と続く．これらの D の平方根の連分数展開はそれぞれ，

$$\begin{aligned}\sqrt{D} &= [10m-3; \overline{1, 4, 5m-2, 1, 2, 2, 1, 5m-2, 4, 1, 20m-6}] \\ &\quad (\text{マイナス群}) \\ \sqrt{D} &= [10m+2; \overline{4, 1, 5m, 3, 3, 5m, 1, 4, 20m+4}] \\ &\quad (\text{プラス群})\end{aligned} \tag{4.12}$$

という一般式で表されることもわかった[11]．

このように，ペル方程式の解の性質は D の連分数展開の数字の現れ方に依存しているように見える．では，D の連分数展開とペル方程式の最小解はどのように関係しているのであろうか．

3 Pellep-1 の解の構造

Llep-1 の解について調べてみよう．循環長 k が奇数の場合から始める．

D が 101 以下で $k = 1$ というのは，表 4.2 のように 10 個ある．これを見ると，一般式

$$\sqrt{n^2+1} = [n; \overline{2n}] \tag{4.13}$$

以外の解はなさそうである．この場合，

$$n^2 - (n^2+1) \times 1 = -1 \tag{4.14}$$

から，

$$r_1 = n, \qquad s_1 = 1 \tag{4.15}$$

という一般解が直ちに得られる．

次に $k \geqq 3$ の場合を見てみよう．$D < 100$ では表 4.3 の 10 例しかないということは，ほぼ 8 割の場合は k が偶数で，Pell 解しかないということを意味している．

この表の上の 4 解は明らかに一つのグループに属していることがわかるが，

$\sqrt{D}$	r_1	s_1
$\sqrt{2} = [1;\overline{2}]$	1	1
$\sqrt{5} = [2;\overline{4}]$	2	1
$\sqrt{10} = [3;\overline{6}]$	3	1
$\sqrt{17} = [4;\overline{8}]$	4	1
$\sqrt{26} = [5;\overline{10}]$	5	1
$\sqrt{37} = [6;\overline{12}]$	6	1
$\sqrt{50} = [7;\overline{14}]$	7	1
$\sqrt{65} = [8;\overline{16}]$	8	1
$\sqrt{82} = [9;\overline{18}]$	9	1
$\sqrt{101} = [10;\overline{20}]$	10	1

表 4.2　Llep-1 の $k = 1$ の場合の最小解と D の連分数展開

$\sqrt{D}$	r_1	s_1
$\sqrt{13} = [3;\overline{1,1,1,1,6}]$	18	5
$\sqrt{29} = [5;\overline{2,1,1,2,10}]$	70	13
$\sqrt{53} = [7;\overline{3,1,1,3,14}]$	182	25
$\sqrt{85} = [9;\overline{4,1,1,4,18}]$	378	41
$\sqrt{58} = [7;\overline{1,1,1,1,1,1,14}]$	99	13
$\sqrt{61} = [7;\overline{1,4,3,1,2,2,1,3,4,1,14}]$	29718	3805
$\sqrt{73} = [8;\overline{1,1,5,5,1,1,16}]^*$	1068	125
$\sqrt{74} = [8;\overline{1,1,1,1,16}]$	43	5
$\sqrt{89} = [9;\overline{2,3,3,2,18}]$	500	53
$\sqrt{97} = [9;\overline{1,5,1,1,1,1,1,1,5,1,18}]^*$	5604	569

表 4.3　Llep-1 の $k \geqq 3$ の場合の最小解と D の連分数展開

後の 6 解はそれぞれ別のグループに属しているか，仲間はずれであろうと思われる．* 印をつけた二つの解は，10000 より小さな D の中では仲間の見つからない lonely star なのに，連分数展開に特別なくせがあるようには見えない．だから，D の範囲を広げればおそらく仲間が見つかると著者は考えている．

そんなことよりもっと素晴らしい関係が表 4.3 には隠されているのだ．そこにある連分数展開を

$$\sqrt{D} = [a_0; \overline{a_1, a_2, \cdots, a_{k-1}, a_k}] \tag{4.16}$$

と書き，その a を使って次のような二つの毛虫グラフを描き，

$$\mathrm{C}_k(a_0, a_1, a_2, \cdots, a_{k-1}),\ \ \mathrm{C}_{k-1}(a_1, a_2, \cdots, a_{k-1}),$$

それらの Z 値を計算する．このとき，どちらの毛虫もその尻尾が a_k でなく a_{k-1} になっていることに気をつけてほしい．その結果を図 4.4 に示した．

つまり，(4.16) の連分数展開で表される D をもつ Llep-1 の最小解は

$$\begin{aligned} r_1 &= Z(\mathrm{C}_k(a_0, a_1, a_2, \cdots, a_{k-1})), \\ s_1 &= Z(\mathrm{C}_{k-1}(a_1, a_2, \cdots, a_{k-1})) \end{aligned} \tag{4.17}$$

という Z 値で表されることがわかるのである．また s_1 を表す毛虫は左右対称になっている．すでに第 2 章で紹介したが，この左右対称の毛虫は SymCat と呼ばれている．

これらの D に対応する Pell-1 の最小解はどうなるのだろうか．結論は

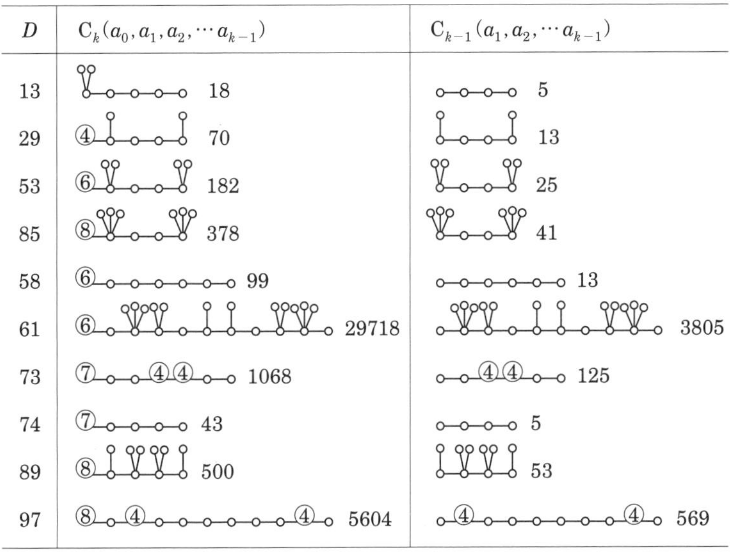

図 4.4　表 4.3 の連分数展開から生じる毛虫グラフとその Z 値．丸のついた n は n 本の足の略記．

$$
\begin{aligned}
x_1 &= Z(\mathrm{C}_{2k}(a_0,a_1,a_2,\cdots,a_k,a_1,a_2,\cdots,a_{k-1})),\\
y_1 &= Z(\mathrm{C}_{2k-1}(a_1,a_2,\cdots,a_k,a_1,a_2,\cdots,a_{k-1}))
\end{aligned}
\tag{4.18}
$$

というように，循環の 2 周期の終わる一つ手前までの足をもった毛虫グラフの Z 値が答えになっているのである．y_1 を表す毛虫も SymCat になっている．

では，現代的な武器をもたない昔の人，つまりラグランジュたちがどのようにこの方程式を解いたかを，$D=29$ の場合についてていねいにフォローしてみることにする．循環長 k が奇数の場合は，Pell と Llep が合わさった Pellep の解が得られることになっている．

われわれはすでに前項で $\sqrt{29}$ の連分数展開のずっと先の方を見てしまったのだが，それはひとまず忘れて，まず $\sqrt{29}$ の連分数展開を順に追ってみよう．

$$
\begin{aligned}
\sqrt{29} &\longrightarrow\ 5=\frac{5}{1}=\frac{p_0}{q_0} \longrightarrow\ 5+\frac{1}{2}=\frac{11}{2}=\frac{p_1}{q_1}\\
&\longrightarrow 5+\frac{1}{2+}\frac{1}{1}=\frac{16}{3}=\frac{p_2}{q_2}\\
&\longrightarrow 5+\frac{1}{2+}\frac{1}{1+}\frac{1}{1}=\frac{27}{5}=\frac{p_3}{q_3}\\
&\longrightarrow\ 5+\frac{1}{2+}\frac{1}{1+}\frac{1}{1+}\frac{1}{2}=\frac{70}{13}=\frac{p_4}{q_4} \quad \longrightarrow \quad \cdots
\end{aligned}
$$

すると，少なくともここまでは連分数の部分的な展開で得られた有理数 p_n/q_n の値は，n が大きいほど

$$
\sqrt{29} \cong \frac{p_n}{q_n}
$$

の近似度がよくなる．しかし p_n/q_n が $\sqrt{29}$ に等しくなることは絶対にない．そのかわり，表 4.4 の一番右端の欄のように $p_n^2-Dq_n^2=R_n$ の値が 0 の周りを交互に振動して，その途中で周期的に $+1$ と -1 の値をとるのである．

ただしここでは連分数 p_n/q_n の面倒な計算をせずに，連分多項式の場合と同じように

$$
\begin{aligned}
p_n &= a_n p_{n-1}+p_{n-2}\\
q_n &= a_n q_{n-1}+q_{n-2}
\end{aligned}
\tag{4.19}
$$

n	a_n	$p_n = a_n p_{n-1} + p_{n-2}$	$q_n = a_n q_{n-1} + q_{n-2}$	$R = p_n^2 - Dq_n^2$
0	5	5	1	$5^2 - 29 \times 1^2 = -4$
1	2	$5 \times 2 + 1 = 11$	$2 \times 1 = 2$	$11^2 - 29 \times 2^2 = 5$
2	1	$11 \times 1 + 5 = 16$	$2 \times 1 + 1 = 3$	$16^2 - 29 \times 3^2 = -5$
3	1	$16 \times 1 + 11 = 27$	$3 \times 1 + 2 = 5$	$27^2 - 29 \times 5^2 = 4$
4	2	$27 \times 2 + 16 = 70$	$5 \times 2 + 3 = 13$	$\underline{70^2 - 29 \times 13^2 = -1}$
$5 = k$	10	$70 \times 10 + 27 = 727$	$13 \times 10 + 5 = 135$	$727^2 - 29 \times 135^2 = 4$
6	2	$727 \times 2 + 70 = 1524$	$135 \times 2 + 13 = 283$	$1524^2 - 29 \times 283^2 = -5$
7	1	$1524 \times 1 + 727 = 2251$	$283 \times 1 + 135 = 418$	$2251^2 - 29 \times 418^2 = 5$
8	1	$2251 \times 1 + 1524 = 3775$	$418 \times 1 + 283 = 701$	$3775^2 - 29 \times 701^2 = -4$
$9 = 2k-1$	2	$3775 \times 2 + 2251 = 9801$	$701 \times 2 + 418 = 1820$	$\underline{9801^2 - 29 \times 1820^2 = 1}$

表 4.4　Pellep-1 ($D = 29$) の解を漸近的に求めるアルゴリズム

という漸化式を使って p_n と q_n を別々に計算している．その際の初期値は

$$\begin{aligned} p_{-1} &= 1, \qquad p_0 = a_0, \\ q_{-1} &= 0, \qquad q_0 = 1 \end{aligned} \tag{4.20}$$

とおく．

このようにして，循環長 k が奇数の場合は，$k-1$ 回目に Llep-1 の最小解，$2k-1$ 回目に Pell-1 の最小解が得られることが示されている．k が偶数の場合はどういうわけか，R の値は決して -1 にはならず $+1$ が周期的に出てくるのである．いずれにしても，R が ± 1 になるまで延々と表 4.4 の計算を続けていかねばならなかった．20 世紀になって，セレニウスは連分数展開の数字の並びがある特別な場合には，表 4.4 の計算のステップをところどころスキップさせるような技巧法を考えた．しかし前にも述べたように，それは 800 年前にインドのバスカラ II 世がすでに考えついていたものだった．

現実問題としては，表 4.4 のように大きな表を作らなくても，(4.19) と (4.20) に従ってもう少しコンパクトな表 4.5 を作っていけばよい．

ここで図 4.5 を見てほしい．$\sqrt{29}$ の連分数展開から得られた二つの毛虫グラフの系列とその Z 値であるが，表 4.4 と表 4.5 の p_n と q_n の数列とぴったり同じである．

n	0	1	2	3	4	5	6	7	8	9	10
a_n	5	2	1	1	2	10	2	1	1	2	10
p_n	5	11	16	27	70	727	1524	2251	3775	9801	101785
q_n	1	2	3	5	13	135	283	418	701	1820	18901
$p_n^2-29q_n^2$	-4	5	-5	4	$\underline{-1}$	4	-5	5	-4	$\underline{1}$	-4

表 4.5　$t^2-29u^2=\pm1$ を解くための表

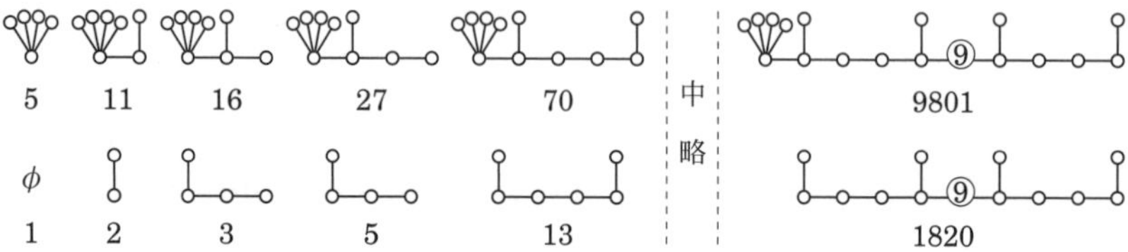

図 4.5　$\sqrt{29}$ の連分数展開から得られる 2 種の毛虫グラフの系列とそれらの Z 値が Pell-1 と Llep-1 の最小解を与える

このような観察をもとに，次のようなペル方程式の高速解法が得られたのである．

4　ペル方程式の高速解法 [10]

ペル方程式 $x^2-Dy^2=1$ の D の連分数展開

$$\sqrt{D}=[a_0;\overline{a_1,a_2,\cdots,a_k}] \tag{P.1}$$

の循環長 k が

ｉ）奇数の場合，Pellep-1 の最小解 $(t_1,\ u_1)$ は，(P.1) から得られる毛虫グラフの Z 値

$$t_1=Z(\mathrm{C}_k(a_0,a_1,a_2,\cdots,a_{k-1}))=r_1 \tag{P.2}$$

$$u_1=Z(\mathrm{C}_{k-1}(a_1,a_2,\cdots,a_{k-1}))=s_1 \tag{P.3}$$

にほかならず，Pell-1 の最小解 $(x_1,\ y_1)$ は，一回り大きな毛虫グラフの Z 値

$$x_1=Z(\mathrm{C}_{2k}(a_0,a_1,a_2,\cdots,a_k,a_1,a_2,\cdots,a_{k-1})) \tag{P.4}$$

$$y_1=Z(\mathrm{C}_{2k-1}(a_1,a_2,\cdots,a_k,a_1,a_2,\cdots,a_{k-1})) \tag{P.5}$$

で与えられる．なお

$$x_1=t_1^2+Du_1^2 \tag{P.6}$$

$$y_1 = 2t_1u_1 \tag{P.7}$$

でも計算される.

ii) 偶数の場合, Pell-1 の最小解は (P.2), (P.3) と同じ

$$x_1 = Z(\mathrm{C}_k(a_0, a_1, a_2, \cdots, a_{k-1})) \tag{P.8}$$

$$y_1 = Z(\mathrm{C}_{k-1}(a_1, a_2, \cdots, a_{k-1})) \tag{P.9}$$

で与えられる. Llep-1 の解は存在しない.

i) の例はすでに図 4.5 に与えられている. ii) の例としては, $D = 14$ について図 4.6 に与えよう.

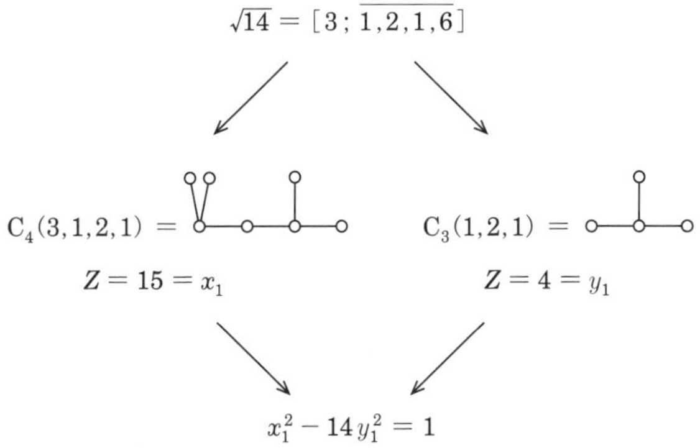

図 4.6 $\sqrt{D}$ の連分数展開から Pell-1 の最小解を求める (循環長 k が偶数の場合)

なお, 前節では $k = 1$ の場合を別扱いにしたが,

$$t_1 = r_1 = Z(\mathrm{C}_k(a_0)) = a_0, \tag{P.10}$$

$$u_1 = s_1 = Z(\phi) = 1 \tag{P.11}$$

となり, 上の定理の i) に含まれることがわかる.

ところで, D の平方根の連分数展開の循環長 k の偶奇性は何によって決まるのだろうか. 実は D が

$$p \equiv 1 \pmod 4 \tag{P.12}$$

のような素数の場合に k が奇数となり Llep-1 に解が存在するという十分条件は知られているが, 簡明な必要十分条件は未だに得られていない. 表 4.6 に 200 以下の D で k が奇数のものを分類して並べてみた. その分類に属しなが

分類	
$p \equiv 1 \pmod 4$	$5, 13, 17, 29, 37, 41, 53, 61, 73, 89, 97, 101, 109, 113, 137, 149, 157,$ $173, 181, 193, 197, \cdots$
$2p$	$10, 26, 58, 74, 82, 106, 122, 202, \cdots$ $(\times : 34, 146, 178, 194, \cdots)$
$p_1 p_2$	$65, 85, 145, 185, 265, \cdots$ $(\times : 205, 221, \cdots)$
$2p_1 p_2$	$130, 170, 290, \cdots$
$2p^2$	$50, \cdots$
p^3	$125, \cdots$

表 4.6 2 次無理数の連分数展開の循環長 k が奇数になる正の整数

ら k が奇数にならないものも示してある．D が 200 を越えるものについても，いくつかのめぼしいものも与えてある．なお，(P.12) の素数は例外なく奇数の k をもち，かつ

$$p = a^2 + b^2 \quad (a, b \text{ は互いに素で，異なる偶奇性をもつ整数}) \tag{P.13}$$

で表される．実はこのことの証明は，フェルマーの無限降下法という数論における重要な問題に関わってくるのだが，そのあたりの議論はきちんとした数論の本を参照してほしい[2-6]．

本題に戻るが，(P.12) に属する素数 p の 2 倍の整数の多くは奇数の k を与えるが，34, 146 などのように k が偶数になってしまうものもあり，その違いが何に依存しているかはいまだにわかっていないようである．数論におけるこのような基本的な問題にもまだ解明されていないことが残されているのだ．著者も気になってしようがないのだが，読者諸氏も挑戦してみてはいかがだろう．

さて，k がどんなに大きくても，原理的には C_k と C_{k-1} という 2 匹の毛虫グラフの Z 値を求めればよいのだが，C_{k-1} が鏡映対称の SymCat であることを利用すると，さらに簡略な公式が得られる．ここでも i) $k = 2m-1$ と ii) $k = 2m$ の二つの場合に分けて考える．

まず i) の場合，(P.1) の毛虫を

$$\begin{aligned} \sqrt{D} &= [a_0; \overline{a_1, a_2, \cdots, a_{m-1}, a_{m-1}, \cdots, a_1, 2a_0}] \\ &= [a\overline{L L^- b}] \end{aligned} \tag{P.14}$$

のように表す．ただし，L^- は $L = (a_1, a_2, \cdots, a_{m-1})$ を左右反転した毛虫で，

グラフとしては L と同じである．さらに，L の右端の a_{m-1} を切り落としたグラフを M で表すことにする．つまり，$M=(a_1,a_2,\cdots,a_{m-2})$ である．すると，L^- の左端の a_{m-1} を切り落とした毛虫 $M^-=(a_{m-2},\cdots,a_1)$ はグラフとしては M と同じことになる．

以上の記号を使えば，われわれの目標である (P.2) と (P.3) は

$$t_1=r_1=Z(aLL^-), \tag{P.15}$$

$$u_1=s_1=Z(LL^-) \tag{P.16}$$

と表される．さて，LL^- の Z 値は，L と L^- を結ぶ辺で切ることによって，漸化式 (2.24) を使うことができる．

まず (P.16) の方から片付けると，

$$\begin{aligned} u_1 &= Z(LL^-)=Z(L)Z(L^-)+Z(M)Z(M^-) \\ &= \{Z(L)\}^2+\{Z(M)\}^2 \end{aligned} \tag{P.17}$$

となる．これを次のような 2 行 2 列の行列式で表すことができる．

$$u_1=s_1=\begin{vmatrix} Z(L) & Z(M) \\ -Z(M) & Z(L) \end{vmatrix} \tag{P.18}$$

ただし，

$$L=\mathrm{C}_{m-1}(a_1,a_2,\cdots,a_{m-1}), \tag{P.19}$$

$$M=\mathrm{C}_{m-2}(a_1,a_2,\cdots,a_{m-2}). \tag{P.20}$$

同様な考察から t_1 についても，

$$t_1=r_1=\begin{vmatrix} Z(aL) & Z(aM) \\ -Z(M) & Z(L) \end{vmatrix} \tag{P.21}$$

ただし，

$$aL=\mathrm{C}_m(a_0,a_1,\cdots,a_{m-1}), \tag{P.22}$$

$$aM=\mathrm{C}_{m-1}(a_0,a_1,\cdots,a_{m-2}), \tag{P.23}$$

という結果が得られる．

(P.18), (P.21) の行列表現は ii) の場合の (P.26), (P.27) の結果と対比される．

次に ii) の場合，毛虫の構造は

$$\sqrt{D}=[a_0;\overline{a_1,a_2,\cdots,a_{m-1},a_m,a_{m-1},\cdots,a_1,2a_0}]$$

$$= [a\overline{LcL^{-}b}] \tag{P.24}$$

となるから，LcL^{-} 部分の Z 値の計算は図 4.7 のようにして行われる．ただし $c=a_m$ である．

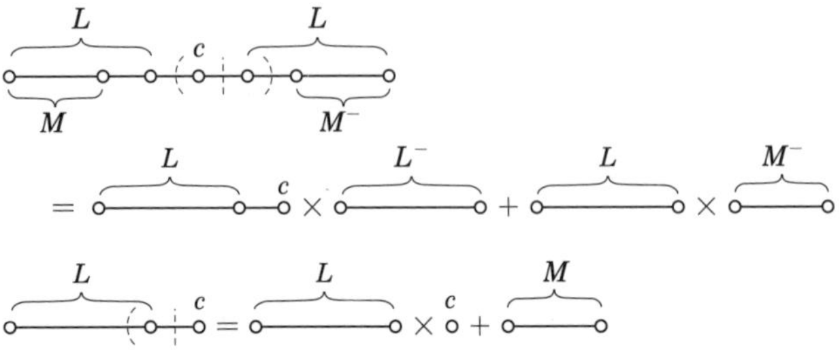

図 **4.7**　毛虫 LcL^{-} の Z 値の計算

したがって

$$\begin{aligned} y_1 &= Z(LcL^{-}) = Z(Lc)Z(L^{-}) + Z(L)Z(M^{-}) \\ &= \{Z(L)Z(c) + Z(M)\}Z(L) + Z(L)Z(M) \\ &= a_m\{Z(L)\}^2 + 2Z(L)Z(M) \end{aligned} \tag{P.25}$$

これを次のような 3 行 3 列の行列式で表すことができる．

$$y_1 = \begin{vmatrix} Z(L) & Z(M) & 0 \\ -1 & a_m & 1 \\ 0 & -Z(M) & Z(L) \end{vmatrix} \tag{P.26}$$

ここで L と M の表式は (P.19) と (P.20) と同じである．同様にして x_1 も

$$x_1 = \begin{vmatrix} Z(aL) & Z(aM) & 0 \\ -1 & a_m & 1 \\ 0 & -Z(M) & Z(L) \end{vmatrix} \tag{P.27}$$

と表すことができる．毛虫グラフ aL と aM は (P.22) と (P.23) と同じである．

この解法の具体的な例を，i) と ii) のそれぞれの場合について紹介しよう．まず k が奇数の i) の場合．$D=61$ とする．$\sqrt{61}=[7;\overline{1,4,3,1,2,2,1,3,4,1,14}]$ だから，毛虫グラフの aL, aM, L, M はそれぞれ図 4.8 のようになり，それぞれの Z 値も簡単に計算される．

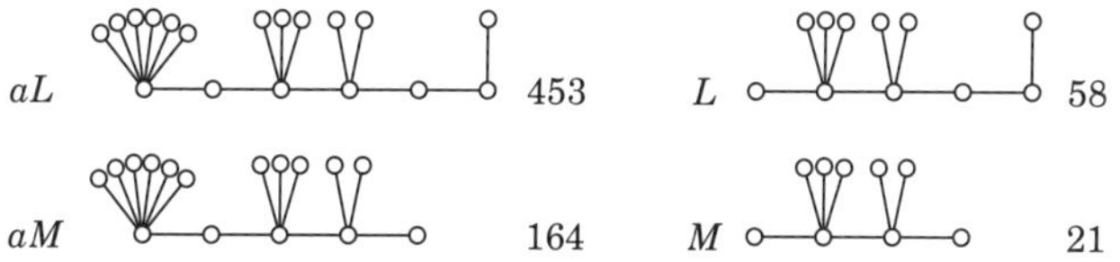

図 **4.8**　$\sqrt{61}=[7;\overline{1,4,3,1,2,2,1,3,4,1,14}]$ から生じる 4 つの毛虫グラフとその Z 値

これから直ちに,

$$t_1=r_1=\begin{vmatrix}453 & 164\\ -21 & 58\end{vmatrix}=29718, \tag{P.28}$$

$$u_1=s_1=\begin{vmatrix}58 & 21\\ -21 & 58\end{vmatrix}=3805 \tag{P.29}$$

が得られる．また，この結果を使って (P.6) と (P.7) から

$$t_2=x_1=29718^2+61\times3805^2=1766319049$$

$$u_2=y_1=2\times29718\times3805=226153980$$

も得られる．なお $2\times29718^2+1$ という計算からも t_2 は計算される．t_1 と u_1 からどうしてこのように t_2 と u_2 が得られるかについては，ここで詳しく紹介することができないので，興味ある読者は著者の原報を参照してほしい[14]．

次に k が偶数の場合．$D=67$ とする．$\sqrt{67}=[8;\overline{5,2,1,1,7,1,1,2,5,16}]$ だから，毛虫グラフの aL, aM, L, M はそれぞれ図 4.9 のようになり，それぞれの Z 値も計算される．

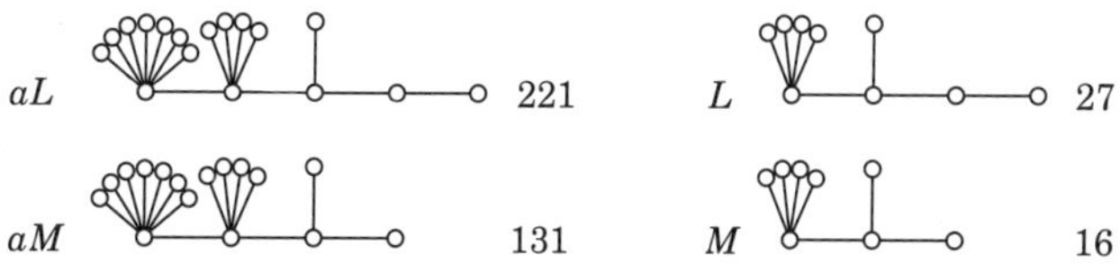

図 **4.9**　$\sqrt{67}=[8;\overline{5,2,1,1,7,1,1,2,5,16}]$ から生じる 4 つの毛虫グラフとその Z 値

結局，求める解は

$$x_1=\begin{vmatrix}221 & 131 & 0\\ -1 & 7 & 1\\ 0 & -16 & 27\end{vmatrix}=48842, \tag{P.30}$$

$$y_1 = \begin{vmatrix} 27 & 16 & 0 \\ -1 & 7 & 1 \\ 0 & -16 & 27 \end{vmatrix} = 5967 \qquad \text{(P.31)}$$

となる．

ここで，今紹介したペル方程式の新しい解法が従来のものとどのように違うかをはっきりさせておこう．12 世紀のバスカラ II 世や 18 世紀のラグランジュの考えた方法は，表 4.5 のように $\sqrt{D}$ の連分数展開の $\{a_n\}$ を使って $\{p_n\}$ と $\{q_n\}$ を求め，$p_n^2 - Dq_n^2$ が 1 か -1 になるまで辛抱強く，かつ一方向の計算を続けるというものである．オイラーは $\{p_n\}$ と $\{q_n\}$ の計算を楽にするために連分多項式を考え，いくつかの漸化式も求めたが，一方向の計算から抜け出ることはできなかった．高木の本に紹介されているガウスの方法はオイラーの連分多項式そのものなので，ガウスがオイラーの考えをそのまま受け継いだのか彼独自の発見なのかは著者にはわからない [1]．しかし，いずれにしても，Z インデックスのほうが連分多項式よりも数学的に優れていることは自明である．さらに，彼らも含めて，過去の研究者たちは $\{a_n\}$ の鏡映対称には気がついていたが，その性質を利用して計算を簡略化する試みは何も行っていなかった．また，グラフ理論においては，古くから毛虫グラフは定義されていたが，それが数学的に重要なはたらきをすることは誰も指摘していなかった．そういう意味で，毛虫グラフとその Z 値が，初等数学や数論においてきわめて重要な役割をもっていることをあらためて強調したい．

なおここで本題とは関係ないが，図 4.8 と 4.9 に示したそれぞれの aL というグラフから派生する 2 系列の毛虫グラフの部分グラフ間に成立する興味ある関係式を紹介しておく．すなわちそれぞれの図で $Z(aL)Z(M) - Z(aM)Z(L)$ の値を計算すると，図 4.8 では

$$453 \times 21 - 164 \times 58 = (-1)^6$$

図 4.9 では

$$221 \times 16 - 131 \times 27 = (-1)^5$$

という結果が得られる．右辺のベキは aL グラフの本幹をなす経路グラフの長さ n である．これは，フィボナッチ数について知られているカッシーニの等式の毛虫グラフへの拡張版ともいうべき関係式である．詳しくは第 5 章で

解説する．このペル方程式の高速解法の有用性については中村滋氏が好意的に認めてくださっている[18]．

5　ペル方程式の最小解以外の解

ある与えられた D の値に対して，Pell でも Llep でも，その最小解が得られると，それより大きな解は芋づる式に導かれることもよく知られている．その 1 例として $D=2$ についての結果を表 4.7 に示す．

n	Pell-1 $(3+2\sqrt{2})^n$		Llep-1 $(1+\sqrt{2})(3+2\sqrt{2})^{n-1}$		Pellep-1 $(1+\sqrt{2})^n$	
	x_n	y_n	r_n	s_n	t_n	u_n
0	1	0	$(-1$	$1)$	1	0
1	3	2	1	1	1	1
2	17	12	7	5	3	2
3	99	70	41	29	7	5
4	577	408	239	169	17	12
5	3363	2378	1393	985	41	29

表 4.7　$D=2$ の Pell-1, Llep-1, Pellep-1 の解群

そこには，Pell 解，Llep 解，それらを合わせた Pellep 解の一般式も与えてある．

$$\begin{aligned} 3+2\sqrt{2} &= x_1+y_1\sqrt{2} \\ 1+\sqrt{2} &= r_1+s_1\sqrt{2} \end{aligned} \tag{Q.1}$$

とおくと，$D=2$ の Pell-1 解が

$$x_n+y_n\sqrt{2}=(3+2\sqrt{2})^n, \tag{Q.2}$$

Llep-1 解が

$$r_n+s_n\sqrt{2}=(1+\sqrt{2})(3+2\sqrt{2})^{n-1}, \tag{Q.3}$$

Pellep-1 解が

$$t_n+u_n\sqrt{2}=(1+\sqrt{2})^n \tag{Q.4}$$

で表されることが知られている．なおここで

$$(1+\sqrt{2})^2 = 3+2\sqrt{2} \tag{Q.5}$$

という関係にも注意しよう.

さらに,

$$f_n = 6f_{n-1} - f_{n-2} \qquad (f \text{ は } x, y, r, s \text{ のいずれか}) \tag{Q.6}$$

$$f_n = 2f_{n-1} + f_{n-2} \qquad (f \text{ は } t, u \text{ のいずれか}) \tag{Q.7}$$

という漸化式も成立っている. またこのほかにも一般の D に対して,

$$x_{n+1} = x_1 x_n + D y_1 y_n \tag{Q.8}$$

$$y_{n+1} = x_1 y_n + y_1 x_n \tag{Q.9}$$

$$r_{n+1} = x_1 r_n + D y_1 s_n \tag{Q.10}$$

$$s_{n+1} = x_1 s_n + y_1 r_n \tag{Q.11}$$

$$t_{n+1} = t_1 t_n + D u_1 u_n \tag{Q.12}$$

$$u_{n+1} = t_1 u_n + u_1 t_n \tag{Q.13}$$

などの漸化式が成立つことも知られている.

これらの解が第 1 章に紹介したチェビシェフ多項式できれいに表されることもわかっている. しかし, どういうわけか, このことの記述はあまり多く見られない [7]. すでに本書の 1.5 節で第 1 種と第 2 種のチェビシェフ多項式, $T_n(x)$ と $U_n(x)$ を紹介したが, バーボーは, Pell-1 のすべての解が, その最小解 (x_1, y_1) と $T_n(x)$ と $U_n(x)$ を使うことによって

$$x_n = T_n(x_1) \tag{Q.14}$$

$$y_n = 2U_{n-1}(x_1) \tag{Q.15}$$

と表されると指摘している [7]. 今の場合, $x_1 = 3$, $y_1 = 2$ だから

$$x_n = T_n(3) \tag{Q.16}$$

$$y_n = 2U_{n-1}(3) \tag{Q.17}$$

となる.

具体的にこのことを確かめてみよう. ここで $T_n(x)$ と $U_n(x)$ は

$$T_0(x) = 1, \qquad T_1(x) = x, \tag{Q.18}$$

$$U_0(x) = 1, \qquad U_1(x) = 2x, \tag{Q.19}$$

という初期値，

$$\phi_n(x) = 2x\phi_{n-1}(x) - \phi_{n-2}(x) \quad (\phi \text{ は } T,U \text{ のいずれか}) \qquad \text{(Q.20)}$$

という漸化式に従う直交多項式である．(Q.16) と (Q.17) から直ちに

$$x_2 = 2\times 3\times 3 - 1 = 17, \qquad y_2 = 2\times 2\times 3 = 12,$$

$$x_3 = 2\times 3\times 17 - 3 = 99, \qquad y_3 = 2(2\times 3\times 6 - 1) = 70$$

のように，$x^2 - 2y^2 = 1$ の解 (x_n, y_n) がずらずらと出てくる．それは，(x_n, y_n) の漸化式 (Q.6) が $T_n(x)$ と $U_n(x)$ の漸化式 (Q.20) と同じ構造をもっていることに原因する．詳しくは原著を参照してほしい[7,12]．

著者はこれをヒントにして残りの Llep-1 と Pellep-1 の解についても調べた結果，表 4.8 に与えるような一般的な結果を新たに得ることができた．ただし，そこでは $T_n(x)$ と $U_n(x)$ のマイナスをすべてプラスに代えた第 1 種および第 2 種の星付チェビシェフ多項式 $T_n^*(x)$ と $U_n^*(x)$ が主役となっている．チェビシェフ多項式にはすでに 1.5 節に紹介したようにさまざまな変形のものがあるが，そこではこの $T_n^*(x)$ と $U_n^*(x)$ の表を与えていなかったので，表 4.9 にそれを示す．

Pell-1	Llep-1	Pellep-1
$x_n = T_n(x_1) = T_{2n}^*(t_1)$	$r_n = T_{2n-1}^*(r_1)$	$t_n = T_n^*(t_1)$
$y_n = y_1 U_{n-1}(x_1) = u_1 U_{2n-1}^*(t_1)$	$s_n = s_1 U_{2n-2}^*(r_1)$	$u_n = u_1 U_{n-1}^*(t_1)$

表 4.8　ペル方程式の最小解とチェビシェフ多項式を使った一般解の表現

$T_0^*(x) = 1$	$U_0^*(x) = 1$
$T_1^*(x) = x$	$U_1^*(x) = 2x$
$T_2^*(x) = 2x^2 + 1$	$U_2^*(x) = 4x^2 + 1$
$T_3^*(x) = 4x^3 + 3x$	$U_3^*(x) = 8x^3 + 4x$
$T_4^*(x) = 8x^4 + 8x^2 + 1$	$U_4^*(x) = 16x^4 + 12x^2 + 1$
$T_5^*(x) = 16x^5 + 20x^3 + 5x$	$U_5^*(x) = 32x^5 + 32x^3 + 6x$
$T_6^*(x) = 32x^6 + 48x^4 + 18x^2 + 1$	$U_6^*(x) = 64x^6 + 80x^4 + 24x^2 + 1$
$T_7^*(x) = 64x^7 + 112x^5 + 56x^3 + 7x$	$U_7^*(x) = 128x^7 + 192x^5 + 80x^3 + 8x$
$T_8^*(x) = 128x^8 + 256x^6 + 160x^4 + 32x^2 + 1$	$U_8^*(x) = 256x^8 + 448x^6 + 240x^4 + 40x^2 + 1$

表 4.9　第 1 種および第 2 種の星付チェビシェフ多項式

つまりすべての Pell-1, Llep-1, Pellep-1 の解の情報が表 4.9 の第 1 種および第 2 種の星付チェビシェフ多項式の中に含まれているのである．ここでその証明を細かく書き連ねることはしない．読者はこのきれいな関係式を自分の手で確かめてほしい．Pell-1 の解の (x_n, y_n) が (T,U) と (T^*,U^*) の両方で表されるところが面白い．

実はさらに，それらの解はそれぞれ規則的に成長する毛虫グラフ，しかもそのうちの一つは SymCat で表すことができる． これについては次節で解説する．

6　ペル方程式の一般解を与える毛虫グラフ

証明はまだできていないが，多くの例について検証した結果，「任意のペル方程式 Pellep-N の解群を表す毛虫グラフが存在する」という予想をたてることができた．$N=1$ の場合については下記のような結果がわかっているので，まずそれを紹介しよう．

まず表 4.7 を見てほしい．そこには 6 種類の数列があるが，t_n と u_n の二つが元になっており，そのうちの u_n はペル数であり，それは図 2.10 に示す櫛グラフの Z 値である．その櫛グラフの一方の末端に長さ 1 の辺を付け加えたグラフの系列の Z 値が t_n になっているのである (図 4.10).

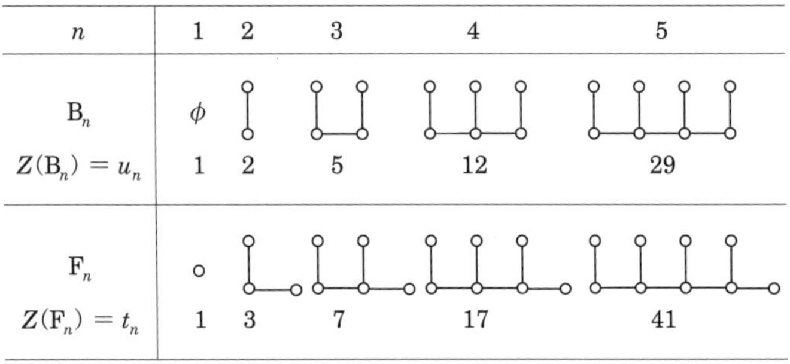

図 4.10　櫛グラフ B_n と，それから派生するグラフ F_n，およびそれらの Z 値

さらに一般的に，任意の Pell-1 と Pellep-1 の解の Z グラフは図 4.11 のようにまとめることができる．これでわかるように，Pell-1 の解は Pellep-1 の

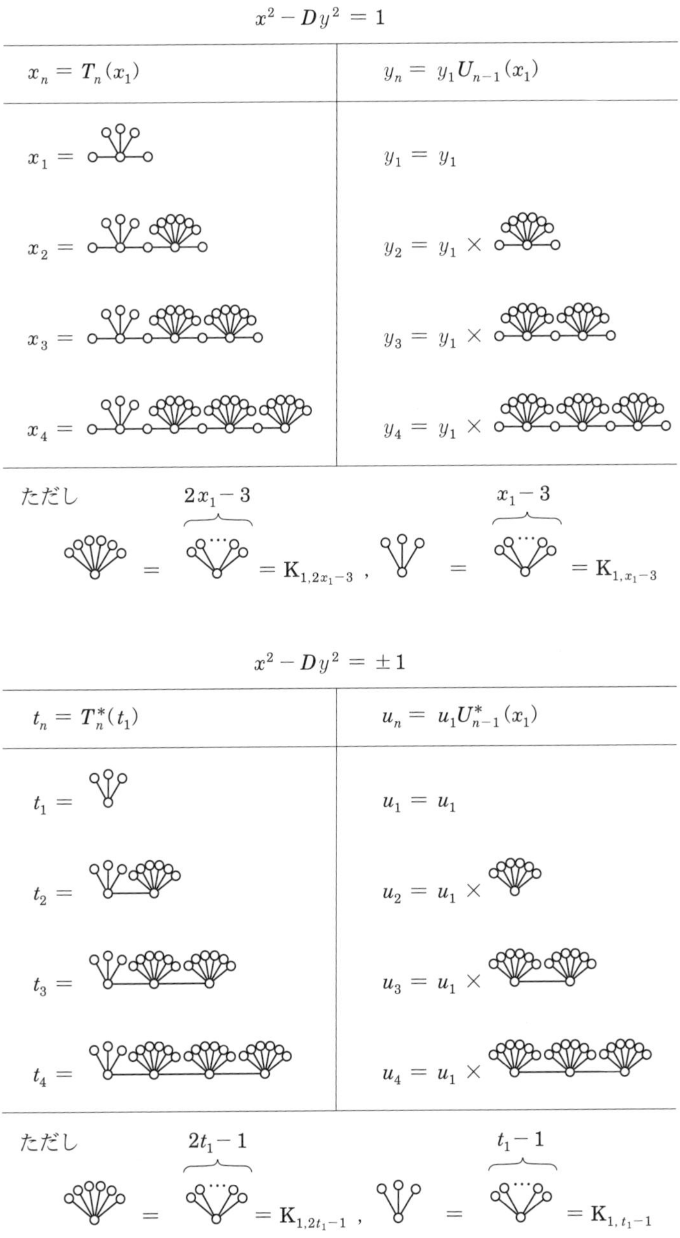

図 4.11 任意の Pell-1 および Pellep-1 の解群の Z グラフとなる毛虫グラフ [13]

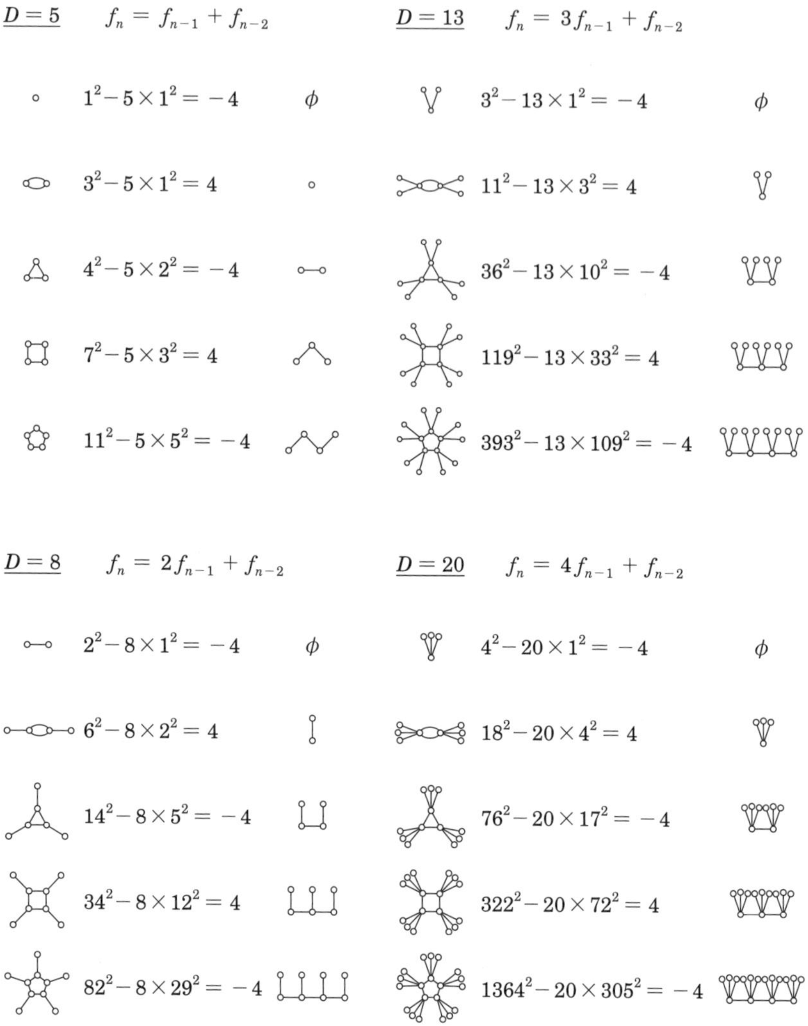

図 4.12 興味あるグラフを解にもつ Pellep-4 の一群[13]．与えてある漸化式は，それぞれの D の値に対する x 解と y 解が共通に従う式．

解の n が偶数のものとしても表されるし，Llep-1 の解は Pellep-1 の解の n が奇数のもので表される．もちろん，図 4.10 にあげた $D=2$ の解も図 4.11 に含まれている．ぜひ自分の手で確かめてみてほしい．

(4.2) の N が 1 以外のペル方程式についても，古くから多くのことが調べられているが，完全な理論体系はできていないようである[1,2,4,7,8]．例えば，$D=2$ に限っても，(4.2) が解をもつ N は，1, 2, 4, 7, 8, 9, 14, $\cdots$ という特定の整数とそれらに負号をつけた数に限られる．さらに，D の値ごとに事情はかなり複雑である．しかし，数論的には $N=4$ の場合が特に重要で，高木のように $N=\pm 4$ のものをペル方程式と呼んで解析を進めている著者も多くいる[1]．

ここでは，$N=\pm 4$ の場合できわめて興味ある事例を図 4.12 に示して本章を閉じることにする．

第 4 章の問題

（1） どういう方法でもよいから，自分の手で $\sqrt{7}=[2;\overline{1,1,1,4}]$ という連分数展開を確かめよ．また，それを使って，$x^2-7y^2=1$ という Pell-1 方程式の，小さい方から 5 番目までの解の組を求めよ．

（2） 同じことを $\sqrt{13}$ についても行い，それを使って，$x^2-13y^2=\pm 1$ という Pellep-1 方程式の，小さい方から 5 番目までの解の組を求めよ．

（3） 表 4.5 の $n=5\sim 8$ の $(p_n,\, q_n)$ についての毛虫 (Z グラフ) を求め，図 4.5 のほかの毛虫と比較せよ．

（4） $x^2-7y^2=4$ の解を下から 3 組求めよ．

（5） $x^2-13y^2=\pm 4$ の解を下から 3 組求めよ．

（6） 図 4.12 の解 (x,y) と表 1.5 を比較するとどのようなことがわかるか．

第 4 章の参考文献

[1] 高木貞治，『初等整数論講義』(第 2 版) 共立出版 (1971).

[2] A. H. Beiler, *Recreations in the Theory of Numbers*, 2nd Ed., Dover (1966).

[3] J. Roberts, *Elementary Number Theory. A Problem Oriented Approach*, MIT Press (1977).

[4] D. Duverney, *Théorie des Nombres*;『数論——講義と演習』(塩川宇賢 訳), 森北出版 (2006).

[5] 片山孝次，『整数論周遊』現代数学社 (2000).

[6] J. H. Silverman, *A Friendly Intruduction to Number Theory*, 4th Ed.;『はじめての数論』(鈴木治郎 訳) ピアソン・エデュケーション (2001) ／丸善出版 (2007).
[7] E. J. Barbeau, *Pell's Equation*, Springer (2000).
[8] E. W. Weisstein, *CRC Concise Encyclopedia of Mathematics* 2nd Ed., Chapman&Hall (2003).
[9] R. L. Graham, D. E. Knuth, O. Patashnik, *Concrete Mathematics*, Addison-Wesley (1989).
[10] H. Hosoya, *Natl. Sci. Rept. Ochanomizu Univ.*, **58** (1) (2007) 15.
[11] H. Hosoya, *Natl. Sci. Rept. Ochanomizu Univ.*, **57** (1) (2006) 57.
[12] H. Hosoya, *Natl. Sci. Rept. Ochanomizu Univ.*, **57** (2) (2006) 19.
[13] H. Hosoya, *Natl. Sci. Rept. Ochanomizu Univ.*, **57** (2) (2006) 35.
[14] H. Hosoya, *Natl. Sci. Rept. Ochanomizu Univ.*, **58** (1) (2007) 29.
[15] H. Hosoya, *Natl. Sci. Rept. Ochanomizu Univ.*, **58** (2) (2008) 11.
[16] H. Hosoya, *Natl. Sci. Rept. Ochanomizu Univ.*, **59** (1) (2008) 19.
[17] H. Hosoya, *Natl. Sci. Rept. Ochanomizu Univ.*, **60** (2) (2010) 17.
[18] 中村滋,『フィボナッチの小宇宙』(改訂版) 日本評論社 (2008), p187.

5章

ディオファントスの不定方程式とトポロジカル・インデックス

1　ユークリッドの互除法

2個以上の変数に関する n 次の多項式の整数解を求めるという広義のディオファントスの不定方程式の中で，2次のペル方程式

$$x^2 - Dy^2 = \pm N \tag{5.1}$$

の新たな展開については前章で詳しく紹介した．本章ではより簡単な1次の(狭義の)ディオファントスの不定方程式

$$ax \pm by = \pm 1 \tag{5.2}$$

について，毛虫グラフの Z インデックスを使う新しい解法を解説する[1]．当然のことながら，この場合整数 a, b は互いに素でないと解をもたない．

二つの整数 $m > n$ の最大公約数 (greatest common measure) (m, n) を求めるアルゴリズムとしてユークリッドの互除法が古くから知られている．実は，それがディオファントスの不定方程式についての従来の解法と新解法の間をつなげる大事な役割を果たしているのである．そこでこの方法を，互いに素な二数1027と712の最大公約数が1であるということ，$(1027, 712) = 1$，を例にして説明する．

まず $m = m_0$ を $n = n_0$ で割った商 a_1 とその剰余 r_1 を計算する．

$$m = a_1 n + r_1 \tag{5.3}$$

次に，

$$m_1 = n, \qquad n_1 = r_1 \tag{5.4}$$

とおいて (5.3) と同様の計算を行う．

$$m_1 = a_2 n_1 + r_2 \tag{5.5}$$

さらに,

$$m_j = n_{j-1}, \qquad n_j = r_j \tag{5.6}$$

という置き換えを $j \geqq 2$ についても行い,

$$m_j = a_{j+1} n_j + r_{j+1} \tag{5.7}$$

という計算を続けると，必ずどこかで $r_k = 0$ になる．そのとき，その一つ手前の k での剰余 r_{k-1} が二数の最大公約数になる．すなわち,

$$n_{k-1} = r_{k-1} = (m,n) \tag{5.8}$$

である．もしもとの二数 m,n が互いに素であれば,

$$n_{k-1} = r_{k-1} = 1$$

となる.

今の例についてこのアルゴリズムを適用した結果は表 5.1 のようになる.

$$\begin{array}{rcl}
\mathbf{1027} &=& 1 \times \mathbf{712} + \mathbf{315} \\
\mathbf{712} &=& 2 \times \mathbf{315} + \mathbf{82} \\
\mathbf{315} &=& 3 \times \mathbf{82} + \mathbf{69} \\
\mathbf{82} &=& 1 \times \mathbf{69} + \mathbf{13} \\
\mathbf{69} &=& 5 \times \mathbf{13} + \mathbf{4} \\
\mathbf{13} &=& 3 \times \mathbf{4} + \mathbf{1} \\
\mathbf{4} &=& 4 \times \mathbf{1}
\end{array}$$

表 5.1

すなわち，$(1027, 712) = 1$ となる.

連分数展開の方法を思い出してみれば，商の数列 $\{a_j\}$ は有理数 m/n の連分数表現にほかならない.

$$\frac{m}{n} = a_1 + \frac{1}{a_2+}\cdots\frac{1}{+a_k} = [a_1\,; a_2, \cdots, a_k] \tag{5.9}$$

今の例では

$$\frac{1027}{712} = 1 + \frac{1}{2+}\frac{1}{3+}\frac{1}{1+}\frac{1}{5+}\frac{1}{3+}\frac{1}{4} = [1; 2, 3, 1, 5, 3, 4] \tag{5.10}$$

で $k = 7$ となっている.

以上のことを頭に入れて，次の不定方程式を，$a = 1027$，$b = 712$ を例として解くことにする．

$$ax - by = 1 \tag{5.11}$$

2　ディオファントスの不定方程式の従来の解法

これには大体二通りの方法が知られている．その一つは，今紹介したユークリッドの互除法のアルゴリズムによって $(1027, 712) = 1$ にたどりつき，それを逆にたどって (5.11) の解を求めるというもので，その全過程は表 5.2 に示してある[2]．

$\mathbf{1027} = 1\times\mathbf{712} + \mathbf{315}$	$\mathbf{315} = \mathbf{1027} - 1\times\mathbf{712}$	$1 = -165\times\mathbf{1027} + 238\times\mathbf{712}$
$\mathbf{712} = 2\times\mathbf{315} + \mathbf{82}$	$\mathbf{82} = \mathbf{712} - 2\times\mathbf{315}$	$1 = 73\times\mathbf{712} - 165\times\mathbf{315}$
$\mathbf{315} = 3\times\mathbf{82} + \mathbf{69}$	$\mathbf{69} = \mathbf{315} - 3\times\mathbf{82}$	$1 = -19\times\mathbf{315} + 73\times\mathbf{82}$
$\mathbf{82} = 1\times\mathbf{69} + \mathbf{13}$	$\mathbf{13} = \mathbf{82} - 1\times\mathbf{69}$	$1 = 16\times\mathbf{82} - 19\times\mathbf{69}$
$\mathbf{69} = 5\times\mathbf{13} + \mathbf{4}$	$\mathbf{4} = \mathbf{69} - 5\times\mathbf{13}$	$1 = -3\times\mathbf{69} + 16\times\mathbf{13}$
$\mathbf{13} = 3\times\mathbf{4} + \mathbf{1}$	$\mathbf{1} = \mathbf{13} - 3\times\mathbf{4}$	$1 = 1\times\mathbf{13} - 3\times\mathbf{4}$
$\mathbf{4} = 4\times\mathbf{1}$		

表 5.2　不定方程式 $1027x - 712y = 1$ の解法 (I)

詳しく述べると以下のとおりである．

① まずユークリッドの互除法に従って第 1 列の最下段 k 行目まで行く．

② それと並行して，剰余項 r_j を m_{j-1} と n_{j-1} で表した式 (5.7′) を第 2 列に書く．

$$r_j = m_{j-1} - a_j n_{j-1} \qquad (j = 1, \cdots, k-1). \tag{5.7′}$$

③ 第 2 列の最下段 $(k-1)$ 行目の式を第 3 列の同じ行である $k-1$ 段に

$$1 = 1\times m_{k-2} - a_{k-1}\times n_{k-2} \tag{5.12}$$

と書く．二数が互いに素だから $r_{k-1} = 1$ となっている．

④ 第 2 列の $k-2$ 段の式

$$r_{k-2} = n_{k-2} = m_{k-3} - a_{k-2}\times n_{k-3} \tag{5.13}$$

を (5.12) に代入した結果を第 3 列の $k-2$ 段に書く．

⑤ 同じようにして第 3 列の最上段まで計算を続けると，自動的に (5.11) 式の解の一つ $(x = -165,\ y = -238)$ が得られる．

ただし，これでは両方とも負であまりきれいではない．そこで

⑥　第 3 列の最上段の式の両辺に

$$0 = 712 \times \mathbf{1027} - 1027 \times \mathbf{712} \tag{5.14}$$

を足してやると

$$1 = 547 \times \mathbf{1027} - 789 \times \mathbf{712} \tag{5.15}$$

すなわち

$$x = 547, \qquad y = 789 \tag{5.16}$$

が得られる．ここで (5.15) に (5.14) の t 倍を足してやると，

$$1 = (547 + 712t) \times \mathbf{1027} - (789 + 1027t) \times \mathbf{712} \tag{5.17}$$

すなわち

$$x = 547 + 712t, \qquad y = 789 + 1027t \tag{5.18}$$

という解が得られる．これがすべての解を表していることは，少し考えればわかるであろう．

この説明を苦労して読むよりは，表 5.2 の矢印の流れを追っていったほうがずっとわかりやすいと思うので，読者は自分の手でこのアルゴリズムの流れをつかんでほしい．

しかし，第 1 列にせっかく商の数列 $\{a_j\}$ のすべてが得られているのに，それらの情報を全然利用していないということに何かすっきりしない気持ちが残る．

ディオファントスの不定方程式のもう一つの解法の流れを表 5.3 に示す [3]．

$\mathbf{1027}x - \mathbf{712}y = 1$	$x - y = A$	$y = x - A = \mathbf{1027}F - 238$
$\mathbf{712}A + \mathbf{315}x = 1$	$2A + x = B$	$x = B - 2A = \mathbf{712}F - 165$
$\mathbf{315}B + \mathbf{82}A = 1$	$3B + A = C$	$A = C - 3B = 73 - \mathbf{315}F$
$\mathbf{82}C + \mathbf{69}B = 1$	$C + B = D$	$B = D - C = \mathbf{82}F - 19$
$\mathbf{69}D + \mathbf{13}C = 1$	$5D + C = E$	$C = E - 5D = 16 - \mathbf{69}F$
$\mathbf{13}E + \mathbf{4}D = 1$	$3E + D = F$	$D = F - 3E = \mathbf{13}F - 3$
$\mathbf{4}F + \mathbf{1}E = 1$	$\longrightarrow$	$E = 1 - 4F = 1 - \mathbf{4}F$

表 5.3　不定方程式 $1027x - 712y = 1$ の解法 (II)

① まず問題の $ax-by=1$ の a と b (いまの例では $a=1027$, $b=712$) を比べる．この場合 $a>b$ なので，a/b の値を調べるとその整数部分は 1 となっている．

② そこで $x-y=A$ とおくと (5.11) は表 5.2 の第 1 列の 2 行目のように変数 A と x の係数が大分小さくなったものになる．次に，新しい係数 (712 と 315) の比を勘案して $2A+x=B$ とおくと，第 1 列の 3 行目のように B と A の係数はさらに小さくなる．このようにして，二つの変数の中の一方が 1 になるまで続けた結果が第 1 列の最下段である．

③ これと並行して，変数の置き換えを第 2 列に書き連ねておく．

④ 第 1 列の最下段の左辺の中で係数が 1 のほうの変数だけを左辺に残した式 $E=1-4F$ を第 3 列の最下段に書く．

⑤ 第 2 列の情報を使って解法 I の場合と同じように変数変換を逆にたどっていくと，やはり x と y の解に自動的に到達する．

このとき，$F=t+1$ とおけば，解法 I で得られた (5.18) が得られる．この場合も数列 $\{a_j\}$ がすべて得られているが，②のところをもたもたやっていると余分な情報が紛れ込んできて，すっきりとした解析が実行されない．

3　カッシーニの等式

フィボナッチ数 f_n についてカッシーニの等式というものが知られている [4]．

$$f_n^2-f_{n+1}f_{n-1}=(-1)^n. \tag{5.19}$$

一般に使われている F_n については

$$F_{n+1}F_{n-1}-F_n^2=(-1)^n \tag{5.20}$$

となる．

第 4 章の図 4.8 と 4.9 の 2 種の毛虫グラフの系列についても，似たような関係式を示した．それらと (5.19) を一般化した広義のカッシーニの等式をここで紹介する．それを使うと，1 次のディオファントスの不定方程式 (5.2) の新解法が直ちに得られるのである．

図 5.1 に主幹の長さが n の毛虫グラフ G と，その両端の星グラフ S_{x_1} と S_{x_n} を除いてできる 3 種類の部分グラフ，A, B, AB を示してある．

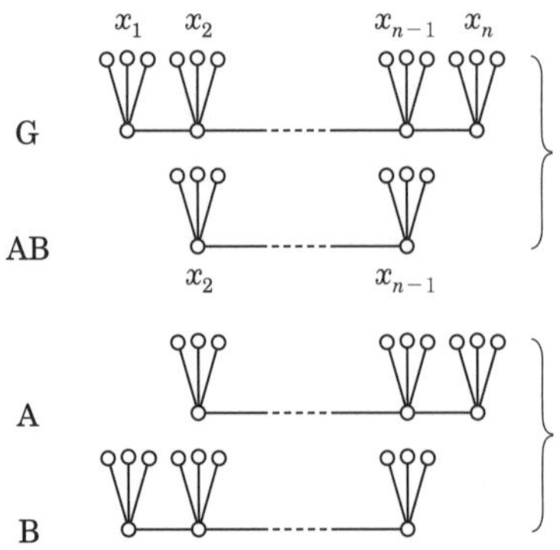

図 5.1　毛虫グラフのカッシーニの等式に関係する 4 つのグラフ

これらの間には次のような関係式が成立する.

$$Z(\mathrm{G})Z(\mathrm{AB})-Z(\mathrm{A})Z(\mathrm{B}) = (-1)^n. \tag{5.21}$$

これが広義のカッシーニの等式である.

オイラーの考えた連分多項式は毛虫グラフの Z インデックスそのものであるから, (5.21) は次のように書き換えられる.

$$\begin{aligned} &K_n(x_1,\cdots,x_n)K_{n-2}(x_2,\cdots,x_{n-1}) \\ &\quad -K_{n-1}(x_2,\cdots,x_n)K_{n-1}(x_1,\cdots,x_{n-1}) = (-1)^n \end{aligned} \tag{5.22}$$

この 2 式の証明は 5.5 節にまわすことにした. ここではこの 2 式が正しいとして, その二つの応用例を図 5.2 に示す. すなわち, 図 5.2(a) では G として経路グラフ $\mathrm{P}_n = \mathrm{C}_n(1,1,\cdots,1)$ を与えているので, A と B はどちらも $\mathrm{P}_{n-1} = \mathrm{C}_{n-1}(1,1,\cdots,1)$, AB は $\mathrm{P}_{n-2} = \mathrm{C}_{n-2}(1,1,\cdots,1)$ となる. すでに第 2 章で

$$Z_{\mathrm{P}_n} = f_n \tag{2.4}$$

が示されているので, 直ちに

$$f_n f_{n-2} - f_{n-1}^2 = (-1)^n \tag{5.23}$$

が得られる. これはフィボナッチ数についてのカッシーニの等式にほかならない.

次に図 5.2(b) では, G として図 2.9 で紹介した櫛グラフ $\mathrm{B}_n = \mathrm{C}_n(2,2,\cdots,2)$ を与えているので, A と B はどちらも $\mathrm{B}_{n-1} = \mathrm{C}_{n-1}(2,2,\cdots,2)$, AB は $\mathrm{B}_{n-2} = \mathrm{C}_{n-2}(2,2,\cdots,2)$ となる. 第 2 章の図 2.10 などで櫛グラフ B_n の Z 値

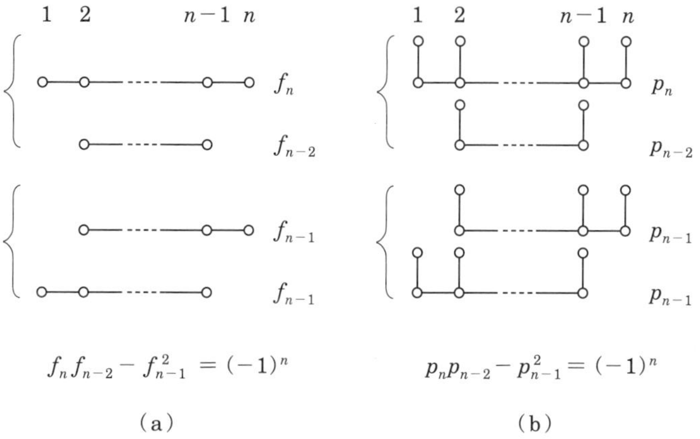

図 5.2 カッシーニの等式の (a) フィボナッチ数と (b) ペル数への応用

がペル数 p_n に等しいということ，

$$Z_{\mathrm{B}_n} = p_n \tag{5.24}$$

が示されているので，

$$p_n p_{n-2} - p_{n-1}^2 = (-1)^n \tag{5.25}$$

が容易に導かれる．

このように，長い毛虫グラフの Z 値の計算を簡単にするために，両端から短くしていくときにはカッシーニの等式が役に立つ．一方，中央付近からグラフを分割して小さくする場合には図 2.13 の分割公式が威力を発揮する．オイラーは連分多項式についてのカッシーニの等式を導いてはいたが，分割公式には気がついていなかったのである．

4 ディオファントスの不定方程式の新解法 [1]

カッシーニの等式が確認されたので，ディオファントスの不定方程式の新解法の説明は容易に行える．ここではまず

$$ax - by = 1 \tag{5.11}$$

を解くことにしよう．$a > b$ および $(a,b) = 1$ を仮定する．まずユークリッドの互除法などを使って，有理数 a/b の連分数展開を求める．

$$a/b = [x_1; x_2, \cdots, x_n]. \tag{5.26}$$

このとき，右端の x_n は必ず $x_n > 1$ となっていることを思い出してほしい．次に (5.26) の数列を使って四つの毛虫グラフを描く，

$$\mathrm{G} = \mathrm{C}_n[x_1, x_2, \cdots, x_n], \tag{5.27}$$

$$\mathrm{A} = \mathrm{C}_{n-1}[x_2, \cdots, x_n], \tag{5.28}$$

$$\mathrm{B} = \mathrm{C}_{n-1}[x_1, \cdots, x_{n-1}], \tag{5.29}$$

$$\mathrm{AB} = \mathrm{C}_{n-2}[x_2, \cdots, x_{n-1}]. \tag{5.30}$$

この中の G と A のグラフの Z 値はそれぞれ，

$$Z_n[x_1, x_2, \cdots, x_n] = a \tag{5.31}$$

$$Z_{n-1}[x_2, \cdots, x_n] = b \tag{5.32}$$

であるから，カッシーニの等式を当てはめると，

$$aZ_{n-2}[x_2, \cdots, x_{n-1}] - bZ_{n-1}[x_1, \cdots, x_{n-1}] = (-1)^n \tag{5.33}$$

となる．

もし，n が偶数ならば，(5.33) の左辺の二つの Z 値が (5.11) の解になっているが，n が奇数のときは，この二つの値は

$$ax - by = -1 \tag{5.34}$$

の解になってしまう．

その場合は x, y を $-x, -y$ に取り替えてもよいが，正の解を得たければ次のようにする．G と A のグラフの右端を変形して

$$\mathrm{G}' = \mathrm{C}_{n+1}[x_1, x_2, \cdots, x_n - 1, 1], \tag{5.35}$$

$$\mathrm{A}' = \mathrm{C}_n[x_2, \cdots, x_n - 1, 1] \tag{5.36}$$

とすると，本幹の長さが一つ増えるがグラフとしては同じなので，G$'$ と A$'$ の Z 値はそれぞれ変わらず a と b のままである．この G$'$ と A$'$ の右端のしっぽを切ったのが B$'$ と AB$'$ だから，それらは

$$\mathrm{B}' = \mathrm{C}_n[x_1, \cdots, x_{n-1}, x_n - 1], \tag{5.37}$$

$$\mathrm{AB}' = \mathrm{C}_{n-1}[x_2, \cdots, x_{n-1}, x_n - 1] \tag{5.38}$$

となる．したがって，

$$aZ_{n-1}[x_2, \cdots, x_{n-1}, x_n - 1] - bZ_n[x_1, \cdots, x_{n-1}, x_n - 1] = (-1)^{n+1} \tag{5.39}$$

という結果が得られる．右辺の -1 のベキに気をつけてほしい．これでわかるように，(5.11) と (5.34)，すなわち

$$ax-by=\pm 1 \tag{5.40}$$

の方程式は互いに密接な関係をもっている．

なお，

$$ax+by=\pm 1 \tag{5.41}$$

のほうは，(5.40) で得られた解の中の y の符号を全部マイナスに変えるだけでよい．

この解法は一見複雑に見えるが，$a=1027$，$b=712$ を例にした図 5.3 に示せばよくわかるだけでなく，ディオファントスの 1 次の不定方程式の解の間のグラフ理論的な関係も明らかになる．さらに，これら以外の解の図形的意味も図 5.4 のように示される．各自確かめられたい．

ちなみに，ディオファントスの 1 次の不定方程式のうち，変数が 3 個のもの

$$ax+by+cz=1 \tag{5.42}$$

の解法については高木の本に説明がある [3]．

また，3 次から 9 次までのディオファントスの方程式のそれぞれについての話題が，ワイスシュタインの本に詳しく紹介されている [2]．このような問題は，数学よりはパズル的な興味の対象になっているが，数論の未知の問題

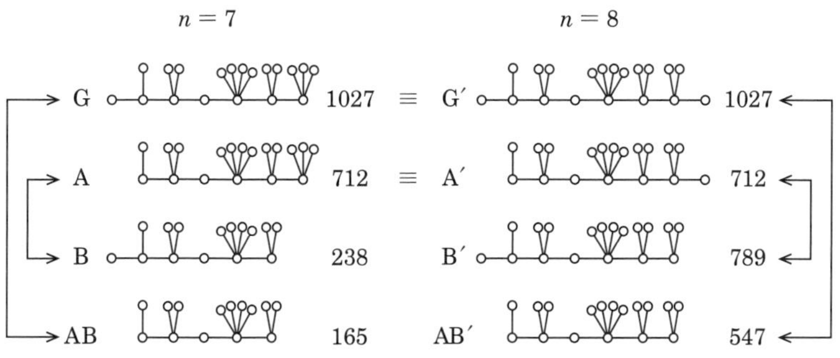

$1027\times 165-712\times 238=(-1)^7$　　$1027\times 547-712\times 789=(-1)^8$

図 5.3　ディオファントスの 1 次の不定方程式の毛虫グラフを使った新しい解法

$1027x - 712y = 1$ の解

t	$x = 547 + 712t$		$y = 789 + 1027t$	
-4	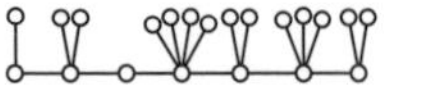	-2301	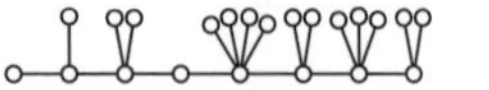	-3319
-3	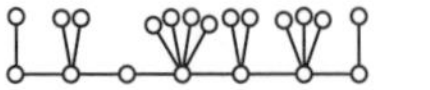	-1589	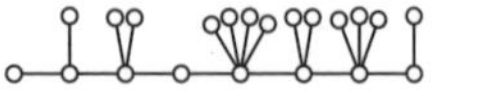	-2292
-2	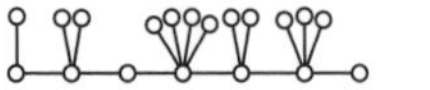	-877	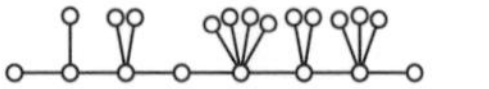	-1265
-1	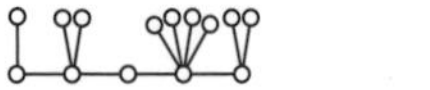	-165		-238
0	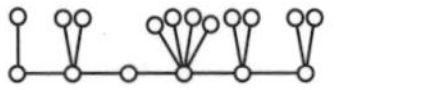	547	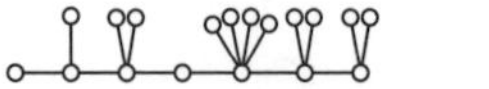	789
1	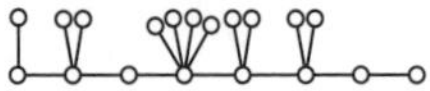	1259	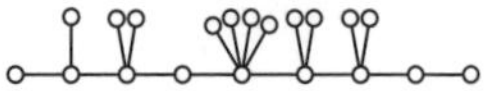	1816
2	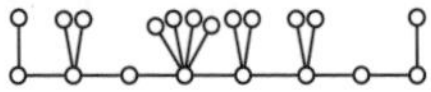	1971	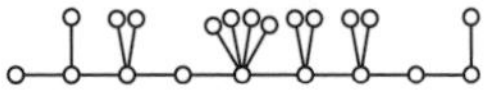	2843
3	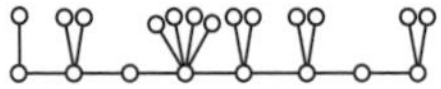	2683	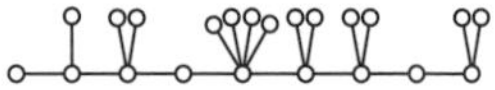	3870

$a/b = [x_1; x_2, \cdots, x_n]$ のとき一般に

	x	y
$t \leqq -2$	$Z_n(x_2, x_3, \cdots, x_n, -t-1)$ $\overbrace{\quad}^{-t-2}$ 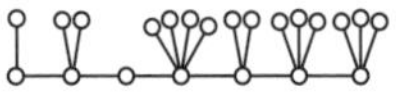	$Z_{n+1}(x_1, x_2, \cdots, x_n, -t-1)$ $\overbrace{\quad}^{-t-2}$ 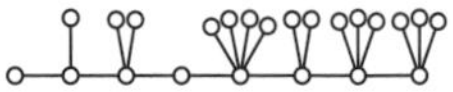
$t = -1$	$Z_{n-2}(x_2, x_3, \cdots, x_{n-1})$	$Z_{n-1}(x_1, x_2, \cdots, x_{n-1})$
$t = 0$	$Z_{n-1}(x_2, x_3, \cdots, x_{n-1}, x_n - 1)$	$Z_n(x_1, x_2, \cdots, x_{n-1}, x_n - 1)$
$t \geqq 1$	$Z_{n+1}(x_2, x_3, \cdots, x_{n-1}, x_n - 1, 1, t)$ $\overbrace{\quad}^{t-1}$ 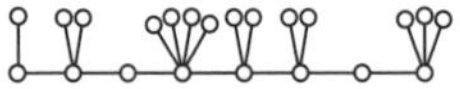	$Z_{n+2}(x_1, x_2, \cdots, x_{n-1}, x_n - 1, 1, t)$ $\overbrace{\quad}^{t-1}$ 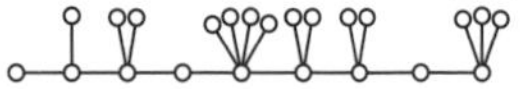

図 5.4　ディオファントスの不定方程式の解群の図形的意味

にもつながる可能性をもっているはずである.

5　カッシーニの等式の証明

オイラーの連分多項式 $K_n(x_1,\cdots,x_n)$ についてのカッシーニの等式の証明は文献 [4] に与えられているが，ここではまったく別の方法で証明することにする.

図 5.5 のような毛虫の $\mathrm{C}_{2n-2}(x_1,\cdots,x_{n-1},x_n,x_{n-1},x_{n-2},\cdots,x_2)$ を考える.

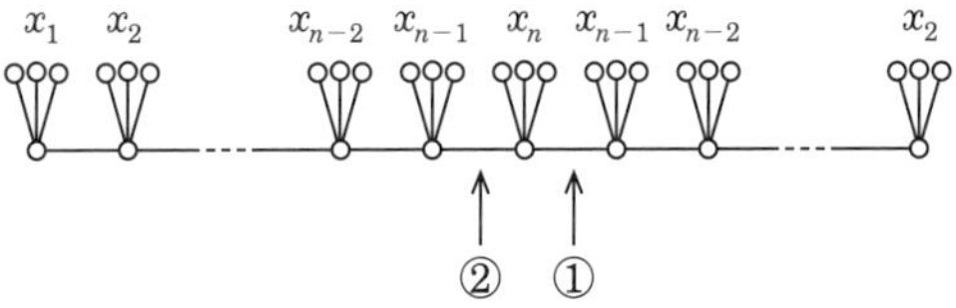

図 5.5　カッシーニの等式の証明

ここで分割の公式を①と②の 2 か所の矢印のところで適用すると次のような等式が得られる.

$$
\begin{aligned}
&Z_{2n-2}(x_1,\cdots,x_{n-1},x_n,x_{n-1},x_{n-2},\cdots,x_2)\\
&\quad= Z_n(x_1,\cdots,x_n)Z_{n-2}(x_{n-1},\cdots,x_2)\\
&\qquad\quad+Z_{n-1}(x_1,\cdots,x_{n-1})Z_{n-3}(x_{n-2},\cdots,x_2) &(5.43)\\
&\quad= Z_{n-1}(x_1,\cdots,x_{n-1})Z_{n-1}(x_n,\cdots,x_2)\\
&\qquad\quad+Z_{n-2}(x_1,\cdots,x_{n-2})Z_{n-2}(x_{n-1},\cdots,x_2). &(5.44)
\end{aligned}
$$

(5.43) と (5.44) を結びつける等式の間で項の入れ替えを行うと，次のような式が得られる.

$$
\begin{aligned}
&Z_n(x_1,\cdots,x_n)Z_{n-2}(x_2,\cdots,x_{n-1})\\
&\qquad -Z_{n-1}(x_1,\cdots,x_{n-1})Z_{n-1}(x_2,\cdots,x_n)\\
&\quad= -[Z_{n-1}(x_1,\cdots,x_{n-1})Z_{n-3}(x_2,\cdots,x_{n-2})\\
&\qquad\quad -Z_{n-2}(x_1,\cdots,x_{n-2})Z_{n-2}(x_2,\cdots,x_{n-1})]. &(5.45)
\end{aligned}
$$

この (5.45) の右辺は，左辺の n を $n-1$ で置き換え符号を逆にしたものなので，この操作を $n-2$ 回繰り返すと，

$$
\begin{aligned}
&Z_n(x_1,\cdots,x_n)Z_{n-2}(x_2,\cdots,x_{n-1})\\
&\qquad -Z_{n-1}(x_1,\cdots,x_{n-1})Z_{n-1}(x_2,\cdots,x_n)
\end{aligned}
$$

$$
\begin{aligned}
&= (-1)^{n-2}[Z_2(x_1,x_2)Z(\phi)-Z_1(x_1)Z_1(x_2)] \\
&= (-1)^n \qquad (5.46)
\end{aligned}
$$

と Z 値についてのカッシーニの等式が導かれる．ここで，中辺の [　] 内が 1 となるところがみそである．

連分多項式は毛虫の Z 値に等しいのだから，(5.46) の Z を K に置き換えれば自動的に連分多項式についての式 (5.22) が得られる．

なお，連分多項式 $K_n(x_1,\cdots,x_n)$ が (1.37) のように行列式で表されることを思い出すと，図 5.5 の毛虫グラフは，次数が $2n-2$ である次のような正方行列式 D に対応していることがわかる．この行列式は，$K_n(x_1,\cdots,x_n)$ と $K_{n-2}(x_{n-1},\cdots,x_2)$ という二つの行列式を 1 と -1 という二つの非対角項を使ってつなげてできたものである．

$$
D = \left| \begin{array}{ccc|c|c|ccc}
x_1 & 1 & & 0 & 0 & & & 0 \\
-1 & \ddots & \ddots & & & & \text{\Large 0} & \\
 & \ddots & x_{n-1} & 1 & & & & \\
\hline
0 & & -1 & x_n & 1 & & & 0 \\
\hline
0 & & & -1 & x_{n-1} & 1 & & 0 \\
\hline
 & \text{\Large 0} & & & -1 & x_{n-2} & \ddots & \\
 & & & & & \ddots & \ddots & 1 \\
0 & & & 0 & 0 & & -1 & x_2
\end{array} \right| \qquad (5.47)
$$

第 5 章の問題

（1）$2011x-23y=1$ と $2011x-23y=-1$ を，それぞれ旧来の方法と新解法とで解き，両者の効率を比較せよ．

（2）ルカ数についてのカッシーニの等式

$$
L_n^2 - L_{n+1}L_{n-1} = 5(-1)^n
$$

を確かめ，証明せよ．

第 5 章の参考文献

[1] H. Hosoya, *Natl. Sci. Rept. Ochanomizu Univ.*, **60** (2) (2010) 17.

[2] E. W. Weisstein, *CRC Concise Encyclopedia of Mathematics*, Chapman & Hall/CRC (2003).

[3] 高木貞治,『初等整数論講義』(第 2 版) 共立出版 (1971).

[4] R. L. Graham, D. E. Knuth, O. Patashnik, *Concrete Mathematics, A Foundation for Computer Science*, Addison Wesley (1968) pp.279.

愛すべき SymCat 群

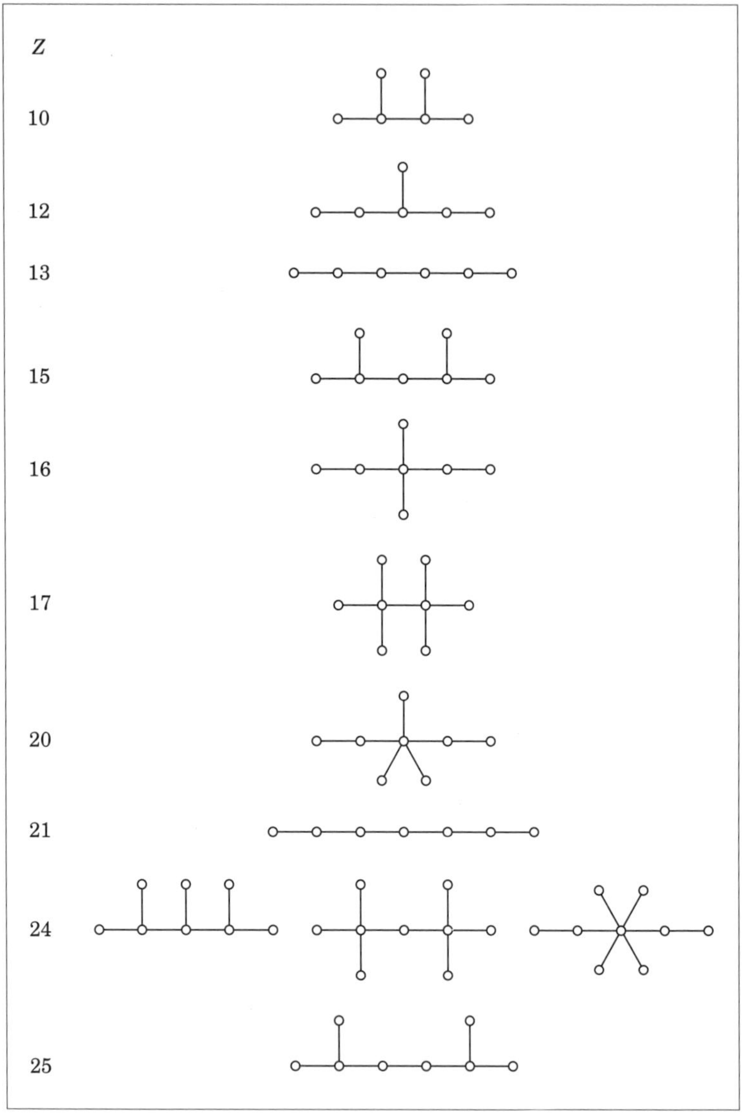

6章

ピタゴラスの三角形とトポロジカル・インデックス

1　ピタゴラスの三角形とその分類

直角三角形 (a,b,c) の三辺の間には

$$a^2+b^2=c^2 \tag{6.1}$$

という「ピタゴラスの定理」が成立している．ここで a と b は直角をはさむ2辺で，英語では legs と呼ばれ，c は斜辺，英語では hypotenuse と呼ばれる．「ピタゴラスの三角形」というのは，(3, 4, 5) で代表されるような，三辺が整数の直角三角形のことである[1-7]．英語では Pythagorean triangle あるいは Pythagorean triple という．その中の1辺だけが0であったり負であるものも形式的に出てくるが，それらもピタゴラスの三角形の仲間に含めてやると幅の広い議論を進めることができる．

三辺が互いに素であるピタゴラスの三角形を「既約 (primitive) ピタゴラスの三角形」という．既約ピタゴラスの三角形の中で最も代表的かつ最小のものは (3, 4, 5) で，それをピタゴラスの三角形の大家族の元祖 (progenitor) と呼ぶこともある．

任意の既約ピタゴラスの三角形の三辺は，ある一組の整数の対 $(m,\ n)$ によって，

$$\begin{aligned} a &= m^2-n^2 \\ b &= 2mn \\ c &= m^2+n^2 \end{aligned} \tag{6.2}$$

と表されることが知られている．ただしその二数 $(m>n>0)$ は，

①　一方は偶数でもう一方は奇数であり，

かつ

② 互いに素である

という条件つきである．また，この逆も真である．つまり①, ②をみたす m,n に対して (6.2) で与えられる (a,b,c) は既約ピタゴラスの三角形となる．

表 6.1 を見てほしい．そこには三辺のどれもが 100 より小さいすべての既約ピタゴラスの三角形と，条件②だけを外した「準既約」のピタゴラスの三角形 (27, 36, 45) = 9 (3, 4, 5) が一つだけ加えてある．既約ピタゴラスの三角形に準既約のピタゴラスの三角形を合わせたものを本書では拡張既約ピタゴラスの三角形と呼ぶ．この拡張既約ピタゴラスの三角形を考えるメリットについては 6.6 節で説明する．またこの表には著者の提案した拡張既約ピタゴラスの三角形の戸籍番号 $(\Delta r\text{-}s, \delta s\text{-}r)$ も書き加えてある [8,9]．その決め方については表 6.1 の下に示してある．こういう番号のふり方をすると，Δr グループの s 番目の拡張既約ピタゴラスの三角形 $\Delta r\text{-}s$ は δs グループの r 番目 $\delta s\text{-}r$ になっているのである．すなわち，「$\Delta r\text{-}s$ ならば同時に $\delta s\text{-}r$ である」という関係が成立する．その説明は 6.6 節で行う．

a	b	c	m	n	Δ	δ
3	4	5	2	1	1-1	1-1
5	12	13	3	2	1-2	2-1
15	8	17	4	1	2-1	1-2
7	24	25	4	3	1-3	3-1
21	20	29	5	2	2-2	2-2
35	12	37	6	1	3-1	1-3
9	40	41	5	4	1-4	4-1
(27	36	45	6	3	2-3	3-2)
45	28	53	7	2	3-2	2-3
11	60	61	6	5	1-5	5-1
33	56	65	7	4	2-4	4-2
63	16	65	8	1	4-1	1-4
55	48	73	8	3	3-3	3-3
13	84	85	7	6	1-6	6-1
77	36	85	9	2	4-2	2-4
39	80	89	8	5	2-5	5-2
65	72	97	9	4	3-4	4-3

表 6.1 斜辺の長さが 100 以下の拡張既約ピタゴラス三角形とそれを表す (m,n) および戸籍 $(\Delta r\text{-}s, \delta s\text{-}r)$．( ) 内のものだけが準既約，ほかは既約．

既約ピタゴラスの三角形が (6.2) で表されるということは，ピタゴラスの時代より千年以上も前のバビロニアで知られていたらしい．それは，バビロニアで発掘された「プリンプトンの粘土板」に，(12709, 13500, 18541) という大きなものを含めて 15 種類の既約ピタゴラスの三角形が楔形文字で刻み込まれていたことから推測される[5]．このように大きな既約ピタゴラスの三角形を (6.2) の関係を知らずに求めることはできないと考えられるからである．

またインドでは紀元前 5 世紀に，中国では 3 世紀に，いくつかの既約ピタゴラスの三角形が，ギリシャやバビロニアとは関係なく知られていた．しかし，この既約ピタゴラスの三角形の大家族の系図というか，それらの各メンバー間のきちんとした関係というのは，意外に系統的には調べられていなかったのである．そこで著者は，既約ピタゴラスの三角形の戸籍作りから始めてみた，というわけである．

しかし戸籍をつくる前に，既約ピタゴラスの三角形の三辺 (a, b, c) がどんな値をとるかを確認しておく必要がある．(6.2) の (m, n) は偶数と奇数のペアだから，a と c が奇数，b が 4 の倍数ということが直ちにわかる．また a は 1 以外のすべての奇数をとることができる．それに対して c のほうは 4 で割ると 1 余る素数

$$p \equiv 1 \pmod 4 \tag{6.3}$$

か，そういう素数の積に限られるということがわかっている．すなわち，

$$c = p_1^{\alpha_1} p_2^{\alpha_2} \cdots. \tag{6.4}$$

具体的には，

$$c = 5, 13, 17, 25, 29, 37, 41, 53, 61, 65, 73, 85, 89, 97,$$
$$101, 109, 113, 125, \cdots$$

と続く．ここで，(6.3) に含まれない 25, 65, 85, 125 に注意．

三辺のとる値が確認されたら，次に図 6.1 に示すように三辺 (a, b, c) の間の三種類の差 Δ, δ, d をとってみる[8,9]．このとき，Δ は奇数の平方，δ は平方数の 2 倍ということですっきりしているが，d のほうは，8 で割った余りが $+1$ か -1 の整数，すなわち

$$p \equiv \pm 1 \pmod 8, \tag{6.5}$$

およびそういう整数の積 (形式的には (6.4) のような) で，具体的には，

$$d = 1, 7, 17, 23, 31, 41, 47, 49, 71, 73, 79, 89, 97,$$
$$103, 113, 119, 127, \cdots$$

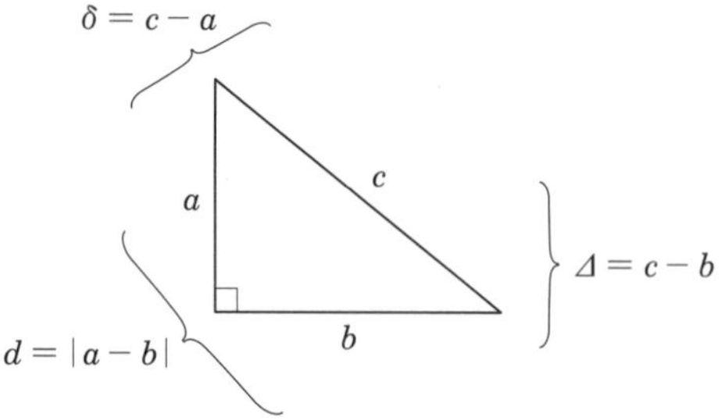

		グループコード
$\varDelta = 1, 9, 25, 49, 81, \cdots$	$(2r-1)^2$ (奇数の平方)	$\varDelta r$ と表示
$\delta = 2, 8, 18, 32, 50, \cdots$	$2s^2$ (平方数の 2 倍)	δs と表示
$d = 1, 7, 17, 23, 31, \cdots$	8 で割った余りが $+1$ か -1 の素数，およびそういう素数の積 p	dp と表示

図 6.1　既約ピタゴラスの三角形の三辺間の差による分類 [8]

と続くことがすでに知られている．なお，表 6.1 に加えた準既約の (27, 36, 45) では $d = 9$ になっていることに注意.

一つの既約ピタゴラスの三角形は，$\varDelta, \delta, d$ の値に従って，図 6.1 のように，同時に三つのグループに属すことになる．一番小さな既約ピタゴラスの三角形である元祖 (3, 4, 5) は $\varDelta 1, \delta 1, d1$ のグループのそれぞれの最小のメンバーになっている．これからいくつかのグループについて個別に見ていくことにしよう.

以降でも数学的な証明は省略することが多い．細かいことは気にせずピタゴラスの三角形の面白さを味わっていただきたい.

2　$\varDelta 1$ グループ

斜辺 c と偶数辺 (足) b の差が 1 のピタゴラスの三角形を $\varDelta 1$ グループと呼ぶ．実は $\varDelta 1$ グループは三角形を大きくすると 1 本の線分に収束してしまうので，大きくなるほどつまらなくなるというピタゴラスの三角形であるが，その中の小さなものを四つほど図 6.2 に示してある．この図中央のグレーの丸は，$\varDelta 1$ グループの芯となる三つのグラフ a_1, b_1, c_1 を表しており，それらの Z 値は 3, 4, 5 である．グレーの丸についた小さな白丸がグラフを成長さ

k	1	2	3	4
(m,n)	$(2,1)$	$(3,2)$	$(4,3)$	$(5,4)$
グループ	$\varDelta$1-1	$\varDelta$1-2	$\varDelta$1-3	$\varDelta$1-4
a_k	3	5	7	9
b_k	4	12	24	40
c_k	5	13	25	41

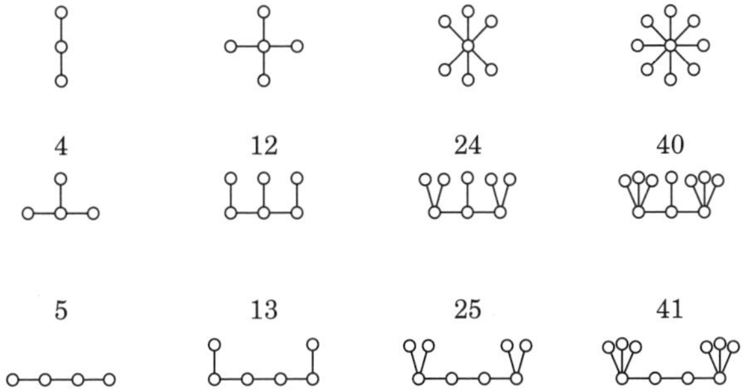

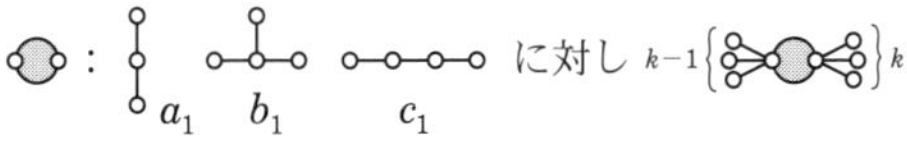

一般に ◯ : a_1, b_1, c_1 に対し $k-1\{\ \}k-1$ が a_k, b_k, c_k を与える.

ただし，$(\ \ )_{k-1}$ は $(\ \ )$ 内のグラフが $k-1$ 個つながることを意味する.

	一般式	漸化式
a_k	$2k+1$	$a_k = 2a_{k-1} - a_{k-2}$
b_k	$2k(k+1)$	$b_k = 3b_{k-1} - 3b_{k-2} + b_{k-3}$
c_k	$2k^2+2k+1 = k^2+(k+1)^2$	$c_k = 3c_{k-1} - 3c_{k-2} + c_{k-3}$

図 6.2　$\varDelta$1 グループの Z 値と SymCat の系列

せる“芽”ともいうべき点である．これらの“芽”に長さ 1 の辺 1 本を付け加えた三つのグラフ (a の場合に限り，左右に 1 本ずつ合計 2 本) の Z 値を計算すると (5, 12, 13) という $\varDelta$1 グループの 2 番目に大きな既約ピタゴラスの三角形 $\varDelta$1-2 が出てくる．さらにそれぞれのグラフを同じように成長させると，$\varDelta$1-3 = (7, 24, 25) という次のメンバーが生じる．

このようにして，$\varDelta$1 グループの既約ピタゴラスの三角形の全ファミリーに

対応する Z グラフは図 6.2 の中央の一般式で表される毛虫グラフの系列で表され，しかもこれらは鏡映対称性をもった SymCat になっているから楽しいではないか．ただし奇数の足 a のほうは，3 以上のすべての奇数をとり，その Z グラフは長さが 1 の毛虫，つまり単なる星グラフ (足の数は偶数) になってしまうので，既約ピタゴラスの三角形の中ではそれほどどきどきするグループではない．

これらの既約ピタゴラスの三角形を表す二数 (m,n) は，図 6.2 の k を使って $(k+1,k)$ と簡単に表される．そのため，(6.2) から $a=2k+1$ となるのである．ほかの二辺，b と c の値も図 6.2 にあるような一般式や漸化式できれいに表される．

さて，この (a, b, c) を 3 行 1 列の縦ベクトル $(a,b,c)^{\mathrm{T}}$ で表し (^{T} は転置を表す)，それに次のような 3 行 3 列の行列

$$\mathbf{U}=\begin{pmatrix}1&-2&2\\2&-1&2\\2&-2&3\end{pmatrix} \tag{6.6}$$

を順々にかけていくと，

$$\begin{aligned}&\begin{pmatrix}1&-2&2\\2&-1&2\\2&-2&3\end{pmatrix}\begin{pmatrix}3\\4\\5\end{pmatrix}=\begin{pmatrix}5\\12\\13\end{pmatrix},\\&\begin{pmatrix}1&-2&2\\2&-1&2\\2&-2&3\end{pmatrix}\begin{pmatrix}5\\12\\13\end{pmatrix}=\begin{pmatrix}7\\24\\25\end{pmatrix},\\&\begin{pmatrix}1&-2&2\\2&-1&2\\2&-2&3\end{pmatrix}\begin{pmatrix}7\\24\\25\end{pmatrix}=\begin{pmatrix}9\\40\\41\end{pmatrix},\quad\cdots\end{aligned} \tag{6.7}$$

のように，すべての $\Delta 1$ グループの既約ピタゴラスの三角形が順々に生成してくることには注目してほしい．この行列は，**A** と **D** という行列と一緒にすべての既約ピタゴラスの三角形を生成するという素晴らしいもので，オランダのバーニングが 1963 年に，アメリカのホールが 1970 年にそれぞれ独立に発見した [10-12]．これについては 6.5 節でまとめて解説する．

3　一つ違いの足をもつピタゴラスの三角形

ピタゴラスの三角形の中で最も有名なものが，consecutive legs，つまり，二つの足の長さが連続する整数になる $(d = |a-b| = 1)$ という $d1$ グループであろう．この系列の既約ピタゴラスの三角形の三辺はすべて，図 6.3 に示すような毛虫グラフの Z 値で表されることがわかった[13-15]．

一番小さな既約ピタゴラスの三角形 (3, 4, 5) は，表の左側の三つの芯グラ

k	1	2	3	4
(m,n)	(2,1)	(5,2)	(12,5)	(29,12)
グループ	$d1$-1	$d1$-2	$d1$-3	$d1$-4
	3	21	119	697
a_k	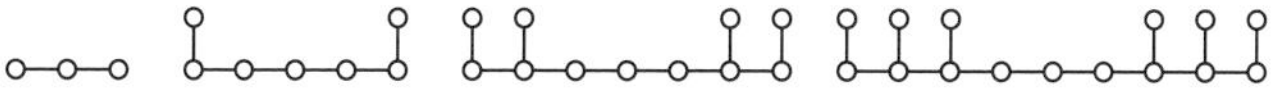			
	4	20	120	696
b_k	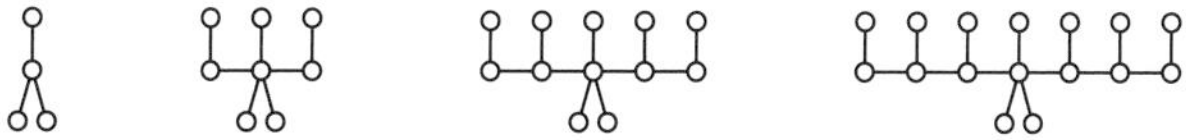			
	5	29	169	985
c_k	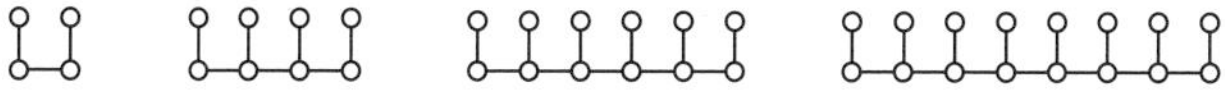			
$(a_k+b_k)/c_k$		$\underline{1.41}37$	$\underline{1.4142}01$	$\underline{1.414213}19$

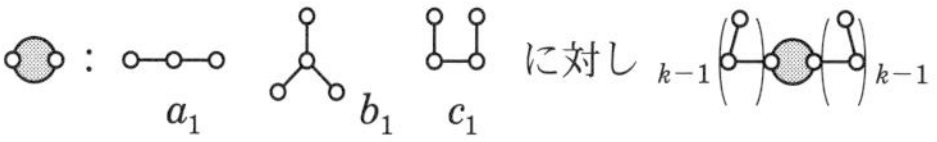

一般に，● : a_1　b_1　c_1 に対し $_{k-1}$(●)$_{k-1}$ が a_k, b_k, c_k を与える．

	漸化式
a_k	$a_k = 5a_{k-1} + 5a_{k-2} - a_{k-3}$
b_k	$b_k = 5b_{k-1} + 5b_{k-2} - b_{k-3}$
c_k	$c_k = 6c_{k-1} - c_{k-2}$

図 6.3　$d1$ グループの Z 値と SymCat の系列

フの Z 値で表される．図 6.2 と 6.3 において Z 値の値が (3, 4, 5) という三つの芯グラフは，グラフとしては同じでも，グラフの成長の芽になる点の位置が違うことに注意してほしい．このような “芽つき” の (3, 4, 5) の三つのグラフのことをそれぞれ T 型と Y 型の芯ということにする (詳しくは 6.8 節を参照)．図 6.3 の中央に示したような，芯となる三つのグラフ a_1, b_1, c_1 に，L と逆 L の形をした一対の括弧を付け加えて成長した三つのグラフの Z 値を計算すると，(21, 20, 29) という 2 番目に大きな consecutive legs をもった既約ピタゴラスの三角形が出てくる．図 6.3 には示してないが，この戸籍番号は d1-2 と書けると同時に Δ2-2 および δ2-2 という戸籍ももっている (表 6.1 参照)．さらにそれぞれのグラフに，L と逆 L の形をした一対の括弧を付け加えると，d1-3 = (119, 120, 169) という次のメンバーが生じる．このようにして，consecutive legs をもった既約ピタゴラスの三角形の全ファミリーに対応する Z グラフは図 6.3 の中央の一般式で表される毛虫グラフの系列になることがわかる．さらに，これらも Δ1 グループと同様に鏡映対称性をもった SymCat になっている．

この d1 グループの三辺 (a, b, c) の値も，バーニングとホールは 3 行 3 列の行列

$$\mathbf{A} = \begin{pmatrix} 1 & 2 & 2 \\ 2 & 1 & 2 \\ 2 & 2 & 3 \end{pmatrix} \tag{6.8}$$

を使えば

$$\begin{aligned} \begin{pmatrix} 1 & 2 & 2 \\ 2 & 1 & 2 \\ 2 & 2 & 3 \end{pmatrix} \begin{pmatrix} 3 \\ 4 \\ 5 \end{pmatrix} &= \begin{pmatrix} 21 \\ 20 \\ 29 \end{pmatrix}, \\ \begin{pmatrix} 1 & 2 & 2 \\ 2 & 1 & 2 \\ 2 & 2 & 3 \end{pmatrix} \begin{pmatrix} 21 \\ 20 \\ 29 \end{pmatrix} &= \begin{pmatrix} 119 \\ 120 \\ 169 \end{pmatrix}, \\ \begin{pmatrix} 1 & 2 & 2 \\ 2 & 1 & 2 \\ 2 & 2 & 3 \end{pmatrix} \begin{pmatrix} 119 \\ 120 \\ 169 \end{pmatrix} &= \begin{pmatrix} 697 \\ 696 \\ 985 \end{pmatrix}, \quad \cdots \end{aligned} \tag{6.9}$$

のように，順々に生成されることを発見した．

また，2.5 節で紹介したペル数 p_n を使えば，三辺は次のような一般式で表される．

$$a_k = (p_k + p_{k-1})(p_{k-1} + p_{k-2}) = p_k^2 - p_{k-1}^2$$
$$b_k = 2p_k p_{k-1} \tag{6.10}$$
$$c_k = p_{2k} = p_k^2 + p_{k-1}^2$$

ただし,

$$p_0 = 1, \quad p_1 = 2, \quad p_k = 2p_{k-1} + p_{k-2} \tag{6.11}$$

である．この (6.10) は，そもそもこの一群の既約ピタゴラスの三角形の a_k などを表す (6.2) の二数 (m_k, n_k) が

$$(m_k, n_k) = (p_k, p_{k-1}) \tag{6.12}$$

と表されることに由来している．

また，この consecutive legs をもった既約ピタゴラスの三角形の系列の三辺は図 6.3 に示されている 2 種類の漸化式にも従っている．

さらに，各既約ピタゴラスの三角形の三辺を使うと，

$$\frac{a+b}{c} \to \sqrt{2} \tag{6.13}$$

のように，2 の平方根の有理数近似の数列が得られることも知られている．図 6.3 に示したような近似値の下線部分までが正しく得られており，$\sqrt{2}$ の有理数近似としてはかなり精度の高いものになっている．平方根の有理数近似と既約ピタゴラスの三角形の間の密接な関係については第 8 章で詳しく説明する．

4　$\delta 1$ グループ

次に $\delta = c - a = 2r^2$ の r の値が 1 である $\delta 1$ グループについて調べてみよう．これは図 6.4 のようになっている．この場合の (m, n) の値は $(2k, 1)$ となっている．

バーニングとホールはこの $\delta 1$ グループについても

$$\mathbf{D} = \begin{pmatrix} -1 & 2 & 2 \\ -2 & 1 & 2 \\ -2 & 2 & 3 \end{pmatrix} \tag{6.14}$$

という行列を使ってすべてのメンバーが

k	1	2	3	4
(m,n)	$(2,1)$	$(4,1)$	$(6,1)$	$(8,1)$
グループ	δ1-1	δ1-2	δ1-3	δ1-4
a_k	3 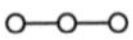	15 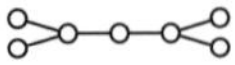	35 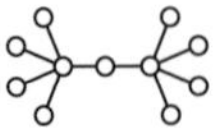	63 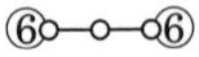
b_k	4 	8 	12 ⑪	16 ⑮
c_k	5 	17 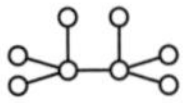	37 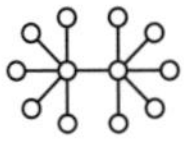	65 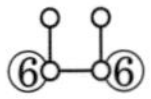

（ⓝ は  n の略記）

一般に  : 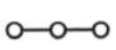 a_1  b_1  c_1 に対し $2k-2$ 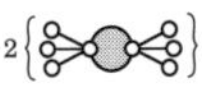 $2k-2$ が a_k, b_k, c_k を与える.

	一般式	漸化式
a_k	$4k^2-1$	$a_k=3a_{k-1}-3a_{k-2}+a_{k-3}$
b_k	$4k$	$b_k=2b_{k-1}-b_{k-2}$
c_k	$4k^2+1$	$c_k=3c_{k-1}-3c_{k-2}+c_{k-3}$

図 6.4　δ1 グループの Z 値と SymCat の系列

$$
\begin{pmatrix} -1 & 2 & 2 \\ -2 & 1 & 2 \\ -2 & 2 & 3 \end{pmatrix} \begin{pmatrix} 3 \\ 4 \\ 5 \end{pmatrix} = \begin{pmatrix} 15 \\ 8 \\ 17 \end{pmatrix},
$$

$$
\begin{pmatrix} -1 & 2 & 2 \\ -2 & 1 & 2 \\ -2 & 2 & 3 \end{pmatrix} \begin{pmatrix} 15 \\ 8 \\ 17 \end{pmatrix} = \begin{pmatrix} 35 \\ 12 \\ 37 \end{pmatrix}, \tag{6.15}
$$

$$
\begin{pmatrix} -1 & 2 & 2 \\ -2 & 1 & 2 \\ -2 & 2 & 3 \end{pmatrix} \begin{pmatrix} 35 \\ 12 \\ 37 \end{pmatrix} = \begin{pmatrix} 63 \\ 16 \\ 65 \end{pmatrix}, \quad \cdots
$$

のように順々に生成されることを見出している．

図 6.2 から 6.4 を見てわかることは，$\Delta 1$ と $\delta 1$ グループはかなり共通の性質をもっているが，$d1$ グループだけは少し違うということである．すなわち，$\Delta 1$ と $\delta 1$ グループの漸化式は同じかたちをしているが，$d1$ グループの漸化式は少し違う．そのことは，毛虫グラフにも反映されている．前 2 者の毛虫グラフの長さは，k の値が増えても変わらないのに対して，後者の毛虫グラフは k とともに長くなっていく．以下で見るように，両者の違いはバーニングとホールの行列にも現れている．

5　バーニングとホールの行列 U, D, A

$\Delta 1, \delta 1, d1$ の 3 系列のグラフで示したように，バーニングとホールの見つけた三つの行列 **U**, **D**, **A**

$$
\mathbf{U} = \begin{pmatrix} 1 & -2 & 2 \\ 2 & -1 & 2 \\ 2 & -2 & 3 \end{pmatrix}, \quad \mathbf{D} = \begin{pmatrix} -1 & 2 & 2 \\ -2 & 1 & 2 \\ -2 & 2 & 3 \end{pmatrix}, \quad \mathbf{A} = \begin{pmatrix} 1 & 2 & 2 \\ 2 & 1 & 2 \\ 2 & 2 & 3 \end{pmatrix} \tag{6.16}
$$

は既約ピタゴラスの三角形を生成する不思議な力をもっている．彼らは，元祖 (3,4,5) に **U**, **D**, **A** の 3 個の行列をかけ，得られた 3 個の列ベクトルにそれぞれ 3 個の行列をかけるという操作を繰り返すことによって，すべての既約ピタゴラスの三角形が 1 回だけもれなく生成するということを証明した [10,11]．その最初の 2 ステップを図 6.5 に示す．

注目してほしいことは，この系統樹の右上がりと右下がりの両斜辺に図 6.2 と 6.4 の $\Delta 1$ および $\delta 1$ グループが，また，系統樹を二等分する中央の線上に $d1$ グループが並んでいることである．つまり，元祖に三つの行列 (6.16) を

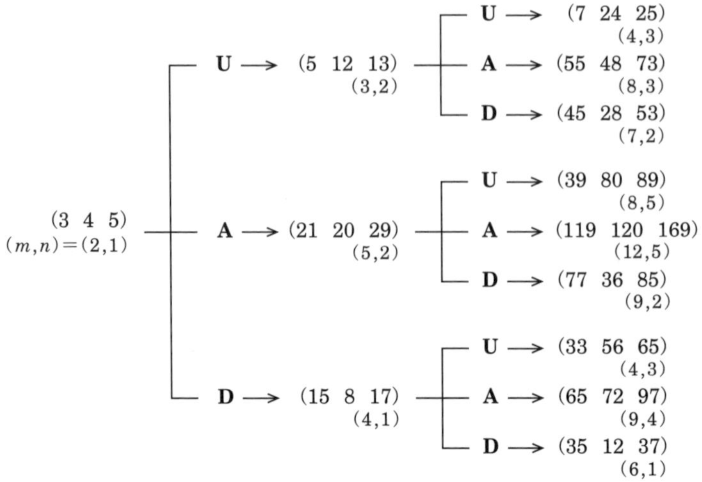

図 6.5　バーニングとホールの行列によって生成する既約ピタゴラスの三角形の系統樹

かけつづけることによってこれらの 3 グループが整然と生成されるということである．行列の記号 **U**, **D**, **A** は，それぞれ，up, down, across を意味している．

任意の既約ピタゴラスの三角形は (m,n) という 1 対の整数で表されるのだから，この系統樹を (m, n) 平面に描き直してみると図 6.6 のようになる．そこでも $\Delta 1$ と $\delta 1$ の 2 グループは，それぞれ右上がりと水平線上にきれいに並ぶのだが，$d1$ グループの挙動はつかみ難い．また上の二つ以外の Δ と δ のグループの挙動を追うことも非常に難しい．バーニングとホールの素晴らしい理論の大きな泣き所は，任意の二つの既約ピタゴラスの三角形を選んだときに，その両者を結ぶ **U**, **D**, **A** の組合せが存在するかの判定，またもし存在するとしてもその組合せを知る簡単な手だてがないということである．これに対して，筆者は行列 **U** と **D** の j/k 乗根の一般式を発見することによって解決した．しかしその解説の前にこの三つの行列の面白い性質について少し説明することにする．

まず，バーニングとホールはどうやってこれらの行列を求めたのであろうか，彼らの論文にはその秘密は何も書いてないが，著者は以下のように推論

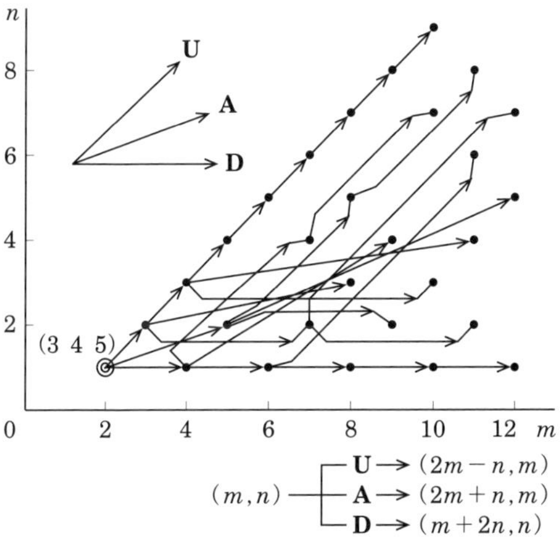

図 6.6 バーニングとホールの既約ピタゴラスの三角形の系統樹を (m,n) 平面に描いたもの

した．これは数学的にはかなり野蛮な方法ではあるが，本書に扱われている諸問題への切り込みにはかなり役立ったストラテジーなのであえてここに紹介する．著者の考えの根底にあるのは，細かなところには目をつぶって，まず何とかなるだろうという楽観論である．厳密な証明や理論のほころびの繕いは，後に回すか専門家に任せて，とにかく前に進むことである．過去の偉大な数学者の多くも，実はこうやって大事な定理や予想を見つけてきたのではないだろうか．

$d1$ グループの行列 **A** を例にとろう．図 6.3 には consecutive legs をもった既約ピタゴラスの三角形の最小のメンバー f_n $(n = 1 \sim 4)$ が与えられている．そこでまず願望を込めて，次のような性質をもった何らかの演算子 (関数) $\widehat{O}$ が存在すると仮定する．

$$\widehat{O} f_n = f_{n+1} \tag{6.17}$$

とりあえずここでは，この f_n は個別の辺 $(a_n,\, b_n,\, c_n)$ のどれでも，あるいはそれらが三つ集まった既約ピタゴラスの三角形でもかまわない．また，もしこういう演算子が得られたときに，それが数学的にどのような形のものかもこの段階で考える必要もない．

次にもう一つ楽観論を進めて，列ベクトル $(a_n,\, b_n,\, c_n)^{\mathrm{T}}$ に掛けたら，それが次のメンバーになるような行列 $\begin{pmatrix} A & B & C \\ D & E & F \\ G & H & K \end{pmatrix}$ があると仮定する．そのような行列が存在する保証はどこにもないが，とにかくそういう仮定をしてみることが大事である．これを図 6.3 に与えられてある四つの $(a_n,\, b_n,\, c_n)$ に当てはめると，

$$\begin{pmatrix} A & B & C \\ D & E & F \\ G & H & K \end{pmatrix} \begin{pmatrix} 3 \\ 4 \\ 5 \end{pmatrix} = \begin{pmatrix} 21 \\ 20 \\ 29 \end{pmatrix},$$

$$\begin{pmatrix} A & B & C \\ D & E & F \\ G & H & K \end{pmatrix} \begin{pmatrix} 21 \\ 20 \\ 29 \end{pmatrix} = \begin{pmatrix} 119 \\ 120 \\ 169 \end{pmatrix}, \tag{6.18}$$

$$\begin{pmatrix} A & B & C \\ D & E & F \\ G & H & K \end{pmatrix} \begin{pmatrix} 119 \\ 120 \\ 169 \end{pmatrix} = \begin{pmatrix} 697 \\ 696 \\ 985 \end{pmatrix}$$

という連立方程式が得られる．

これから A, B, C の値は，

$$\begin{aligned} &3A+4B+5C = 21 \\ &21A+20B+29C = 119 \\ &119A+120B+169C = 697 \end{aligned} \tag{6.19}$$

を解いて，それぞれ，1, 2, 2 が得られる．同様にして (6.16) の行列 $\mathbf{A}$ が得られる．幸いなことに，この $\mathbf{A}$ は (6.18) より先のメンバーにもバッチリと成り立ってくれる．それを厳密に証明したければ，図 6.3 に示した漸化式も合わせて数学的帰納法を使う必要があるだろう．バーニングとホールの残りの行列 $\mathbf{U}$ と $\mathbf{D}$ も同様に導かれる．

今得られた行列 $\mathbf{A}$ の性質を次のように書くことができる．

$$\mathbf{A}(a_n, b_n, c_n)^{\mathrm{T}} = (a_{n+1}, b_{n+1}, c_{n+1})^{\mathrm{T}} \tag{6.20}$$

ここで (6.17) を行列表示にするために，3 行 3 列の単位行列 $\mathbf{E}$ を使えば，

$$\widehat{O}\mathbf{E}(a_n, b_n, c_n)^{\mathrm{T}} = (a_{n+1}, b_{n+1}, c_{n+1})^{\mathrm{T}} \tag{6.21}$$

という表式が形式的に書ける．この両式の右辺同士が等しいので，

$$(\mathbf{A}-\widehat{O}\mathbf{E})(a_n, b_n, c_n)^{\mathrm{T}} = 0 \tag{6.22}$$

が得られる．これを，係数が $\mathbf{A}$ で変数が a_n, b_n, c_n の 3 元 1 次の連立方程式と見ることができる．しかし，定数項がすべて 0 なので，機械的にクラーマーの公式 (線形代数の教科書には必ず出てくる，連立 1 次方程式の解の公式) によって a_n, b_n, c_n を求めようとすると，分子がみな 0 になってしまう．だが現実には，それらは 0 でない値をもっている．したがって a_n, b_n, c_n が non-trivial な (0 でない) 解をもつためにはクラーマーの公式の分母が 0，すなわち

$$\det(\mathbf{A}-\widehat{O}\mathbf{E})=0 \tag{6.23}$$

でなければならない．

そこでこれを解くと，

$$\begin{aligned}\det(\mathbf{A}-\widehat{O}\mathbf{E}) &= \begin{vmatrix} 1-\widehat{O} & 2 & 2 \\ 2 & 1-\widehat{O} & 2 \\ 2 & 2 & 3-\widehat{O} \end{vmatrix} \\ &= -(\widehat{O}^3-5\widehat{O}^2-5\widehat{O}+1) \\ &= -(\widehat{O}+1)(\widehat{O}^2-6\widehat{O}+1)=0 \end{aligned} \tag{6.24}$$

が得られる．そこで，ここに得られた演算子多項式を f_{n-3} や f_{n-2} に機械的に作用させると

$$f_n=5f_{n-1}+5f_{n-2}-f_{n-3} \tag{6.25}$$

と

$$f_n=6f_{n-1}-f_{n-2} \tag{6.26}$$

が得られる．これらは，図 6.3 に証明なしに与えた漸化式にほかならない．変数 a, b, c のどれとどれが，それぞれ (6.25) と (6.26) に当てはまるかはここまでの議論では決まらない．それを実際に試した結果が図 6.3 に書いてあるのである．いい加減な議論に思えるかもしれないが，こうして正しい式の候補が導かれたことが重要なのである．この議論を正当化するには，線形代数で学ぶ「ケイリー-ハミルトンの定理」を用いればよい．なお，演算子多項式のうち $\widehat{O}+1$ は意味のある解を導かないので捨ててしまう．行列 $\mathbf{U}$ と $\mathbf{D}$ についても同様な議論を進めることができる．その結果，どちらの行列も，$\mathbf{A}$ とは違うが共通の結果を与えることがわかる．

$$
\det(\mathbf{U}-\widehat{O}\mathbf{E}) = \begin{vmatrix} 1-\widehat{O} & -2 & 2 \\ 2 & -1-\widehat{O} & 2 \\ 2 & -2 & 3-\widehat{O} \end{vmatrix}
$$

$$
= -(\widehat{O}^3-3\widehat{O}^2+3\widehat{O}-1)
$$

$$
= -(\widehat{O}-1)^3 = \det(\mathbf{D}-\widehat{O}\mathbf{E}) \tag{6.27}
$$

図 6.2 と 6.4 には，演算子多項式 $(\widehat{O}-1)^2$ と $(\widehat{O}-1)^3$ に対応する漸化式が与えられている．いずれも，いろいろと試してみて確認されたものであるが，必要ならば証明することは容易である．

これでわかったことは，三つの行列の中で，**U** と **D** は共通の性質をもっているが，**A** だけは少し違うということである．読者もすでに気付いているはずだが，この三つの行列の各要素は符号を除いて同一ではあるが，**A** だけは行列要素が全部プラスになっている．また，これらの行列式を計算すると，

$$
\det\mathbf{U} = \det\mathbf{D} = 1, \qquad \det\mathbf{A} = -1 \tag{6.28}
$$

のように，**A** だけが微妙に違う．さらにこれらの行列の固有値も，

$$
\det(\mathbf{U}-x\mathbf{E}) = \begin{vmatrix} 1-x & -2 & 2 \\ 2 & -1-x & 2 \\ 2 & -2 & 3-x \end{vmatrix}
$$

$$
= -(x^3-3x^2+3x-1) = -(x-1)^3
$$

$$
= \det(\mathbf{D}-x\mathbf{E}) \tag{6.29}
$$

$$
\det(\mathbf{A}-x\mathbf{E}) = \begin{vmatrix} 1-x & 2 & 2 \\ 2 & 1-x & 2 \\ 2 & 2 & 3-x \end{vmatrix}
$$

$$
= -(x^3-5x^2-5x+1) = -(x+1)(x^2-6x+1)
$$

のように **A** だけわずかに違う性質をもっていることがわかる．この行列 **U** と **D** は，固有値が 1 で，しかもそれが 3 重に縮重しているという点で特別な性質をもっているのである．あとで示すように，$\mathbf{U}^{j/k}$ や $\mathbf{D}^{j/k}$ の一般式が得られるということも，**U** と **D** のこの特殊性に由来している．しかし，その議論の前にピタゴラスの三角形の他のグループの性質を調べてみることにする．

6　$\Delta 2$ グループ

図 6.1 に従えば，$\Delta = c - b$ の大きさは 1 の次が 9 で，それは $\Delta 2$ グループと呼ばれる．これを $\Delta 9$ とか $\Delta 3$ とか呼ばずに，$\Delta 2$ と呼ぶ理由は後で明らかになる．まず表 6.1 の中から $\Delta 2$ のグループのメンバーを拾い出してみると準既約の $\Delta 2$-3 も入ってくる．それらの (m, n) の値を調べると，(6, 3) も含めて $(j+3, j)$ と表される．そういう拡張既約ピタゴラスの三角形を表 6.2 にまとめてみた[8,9]．j の値を負の方にも拡張して，(9, 0, 9) や (3, −4, 5) のようなものも $\Delta 2$ のグループのメンバーに加えてある．

その結果，三辺 (a, b, c) の一般式と漸化式

$$a_j = (3+j)^2 - j^2$$

$$b_j = 2j(3+j)$$

$$c_j = (3+j)^2 + j^2$$

$$a_j = 2a_{j-1} - a_{j-2}$$

$$f_j = 3f_{j-1} - 3f_{j-2} + f_{j-3} \qquad (f \text{ は } b, c \text{ のいずれか})$$

が得られる．このように，準既約のピタゴラスの三角形も加えた拡張既約ピタゴラスの三角形を考えた方が統一的な議論ができることがある．ほかの Δ と δ グループも含めて，拡張既約ピタゴラスの三角形の (m, n) のつくる格子を図 6.7 にプロットした．黒丸が既約ピタゴラスの三角形で，白丸が準既約のピタゴラスの三角形である．

すでに紹介した $\Delta 1$ と $\delta 1$ のグループはいずれもこの格子の境界線に並んでいる．$\Delta 2$ グループの格子点は右肩上がりの境界線をつくる $\Delta 1$ グループのす

j	−5	−4	−3	−2	−1	0	1	2	3	4	5	6	7	8
a	−21	−15	−9	−3	3	9	**15**	**21**	27	**33**	**39**	45	**51**	**57**
b	20	8	0	−4	−4	0	**8**	**20**	36	**56**	**80**	108	**140**	**176**
c	29	17	9	5	5	9	**17**	**29**	45	**65**	**89**	117	**149**	**185**
m	−2	−1	0	1	2	3	**4**	**5**	6	**7**	**8**	9	**10**	**11**
n	−5	−4	−3	−2	−1	0	**1**	**2**	3	**4**	**5**	6	**7**	**8**

表 6.2　行列 $\mathbf{U}^{1/3}$ と $\mathbf{U}^{-1/3}$ で関係づけられる $\Delta 2$ グループ (太文字は既約ピタゴラスの三角形)

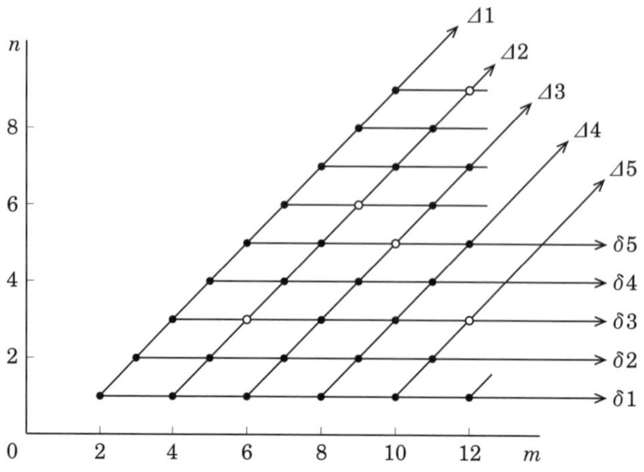

図 6.7 拡張既約ピタゴラスの三角形の (m,n) 格子のプロット．黒丸が既約ピタゴラスの三角形，白丸が準既約のピタゴラスの三角形

ぐ下に平行して並んでいる．

この図の中のある格子点，例えば (8, 5) の戸籍番号は，$\Delta 2$ グループの下から 5 番目だから $\Delta 2\text{-}5$ でもあるし，$\delta 5$ グループの左端から 2 番目なので，$\delta 5\text{-}2$ でもある，つまり，Δ と δ の両グループの番号の振り方は対称的に定まっているので，

$$\Delta r\text{-}s = \delta s\text{-}r \tag{6.30}$$

という関係が成立するのである．

三辺の漸化関係をあらためて書くと

$$f_j = 3f_{j-1} - 3f_{j-2} + f_{j-3} \qquad (f \text{ は } b, c \text{ のいずれか}), \tag{6.31}$$

$$a_j = 2a_{j-1} - a_{j-2} \tag{6.32}$$

であるが，この二つの漸化式は，表 6.2 にあるこの $\Delta 2$ グループの中で二つおきにも成り立っていることが興味深い．すなわち，

$$f_j = 3f_{j-3} - 3f_{j-6} + f_{j-9} \qquad (f \text{ は } b, c \text{ のいずれか}), \tag{6.33}$$

$$a_j = 2a_{j-3} - a_{j-6}. \tag{6.34}$$

さらにバーニングとホールの行列 $\mathbf{U}$ は $\Delta 2$ のグループのどの j に対しても

$$\mathbf{U} f_j = f_{j+3} \tag{6.35}$$

という作用をすることがわかる．図 6.7 で $\Delta 2$ グループを確認してから図 6.6 を見ると，この (6.35) の作用の一端を読み取ることができる．そして，この $\Delta 2$ グループが (15, 8, 17) と (21, 20, 29) に始まる二組の既約ピタゴラスの三角形と，(27, 36, 45) に始まる一組の準既約ピタゴラスの三角形の合計三つのサブグループから成ると考えることができる．

ここでいろいろ試してみた結果，

$$\mathbf{U}^{1/3} = \frac{1}{9}\begin{pmatrix} 9 & -6 & 6 \\ 6 & 7 & 2 \\ 6 & -2 & 11 \end{pmatrix} \tag{6.36}$$

という行列を得ることができた．これを使うことによって，

$$\begin{aligned} &\mathbf{U}^{1/3}(15\ 8\ 17)^{\mathrm{T}} = (21\ 20\ 29)^{\mathrm{T}}, \\ &\mathbf{U}^{1/3}(21\ 20\ 29)^{\mathrm{T}} = (27\ 36\ 45)^{\mathrm{T}}, \\ &\mathbf{U}^{1/3}(27\ 36\ 45)^{\mathrm{T}} = (33\ 56\ 65)^{\mathrm{T}}, \\ &\mathbf{U}^{1/3}(33\ 56\ 65)^{\mathrm{T}} = (39\ 80\ 89)^{\mathrm{T}}, \qquad \cdots \end{aligned} \tag{6.37}$$

のように $\Delta 2$ グループの拡張既約ピタゴラスの三角形をもれなく生成することができる [8,9]．(6.37) のうち $(27\ 36\ 45)^{\mathrm{T}}$ は準既約であることに注意しよう．さらに，

$$\mathbf{U}^{-1/3} = \frac{1}{9}\begin{pmatrix} 9 & 6 & -6 \\ -6 & 7 & 2 \\ -6 & -2 & 11 \end{pmatrix} \tag{6.38}$$

によって逆の変換をすることができる．

7　U と D の j/k 乗根

それでは，次の $\Delta 3$ グループはどうなっているのだろうか．結果は，四組の既約ピタゴラスの三角形と一組の準既約ピタゴラスの三角形の合計五つのサブグループに分かれることがわかった．そしてそれらはすべて

$$\mathbf{U}^{1/5} = \frac{1}{25}\begin{pmatrix} 25 & -10 & 10 \\ 10 & 23 & 2 \\ 10 & -2 & 27 \end{pmatrix} \tag{6.39}$$

という行列によって

$$\begin{aligned} &\mathbf{U}^{1/5}(35\ 12\ 37)^{\mathrm{T}} = (45\ 28\ 57)^{\mathrm{T}}, \\ &\mathbf{U}^{1/5}(45\ 28\ 57)^{\mathrm{T}} = (55\ 48\ 73)^{\mathrm{T}}, \qquad \cdots \end{aligned} \tag{6.40}$$

のように変換されることがわかった．

このようにして，すべての拡張既約ピタゴラスの三角形の一族は図 6.8 のように

$$\mathbf{U}^{1/k} = \frac{1}{k^2}\begin{pmatrix} k^2 & -2k & 2k \\ 2k & k^2-2 & 2 \\ 2k & -2 & k^2+2 \end{pmatrix} \tag{6.41}$$

という行列によって系統的に結びつけられることがわかったのである．

まったく同じようにして，すべての δs グループが

$$\mathbf{D}^{1/k} = \frac{1}{k^2}\begin{pmatrix} k^2-2 & 2k & 2 \\ -2k & k^2 & 2k \\ -2 & 2k & k^2+2 \end{pmatrix} \tag{6.42}$$

という行列 $\mathbf{D}^{1/s}$ によって図 6.9 のように系統的に結びつけられることが示される．

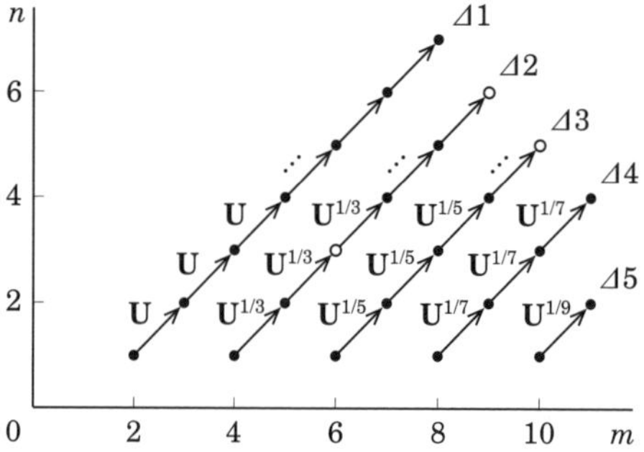

図 **6.8**　すべての Δr グループは $\mathbf{U}^{1/(2r-1)}$ によって系統的に結びつけられる

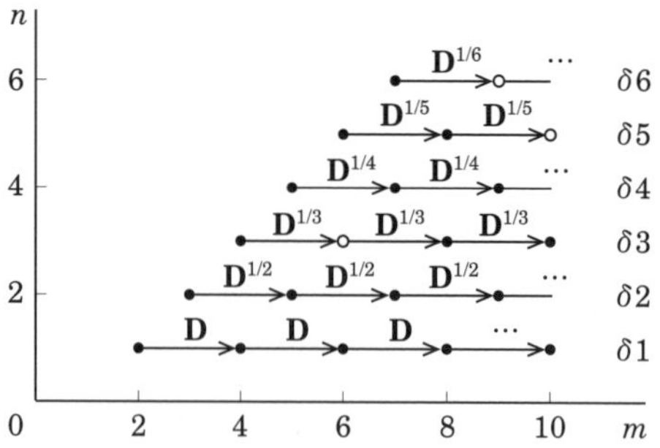

図 **6.9**　すべての δs グループは $\mathbf{D}^{1/s}$ によって系統的に結びつけられる

実は，(6.41) と (6.42) の二つの行列は，それぞれもっと一般的な

$$\mathbf{U}^{j/k} = \frac{1}{k^2}\begin{pmatrix} k^2 & -2jk & 2jk \\ 2jk & k^2-2j^2 & 2j^2 \\ 2jk & -2j^2 & k^2+2j^2 \end{pmatrix} \tag{6.43}$$

および

$$\mathbf{D}^{j/k} = \frac{1}{k^2}\begin{pmatrix} k^2-2j^2 & 2jk & 2j^2 \\ -2jk & k^2 & 2jk \\ -2j^2 & 2jk & k^2+2j^2 \end{pmatrix} \tag{6.44}$$

から導かれたものである．これらの行列の導出については原報を参照してほしい[8]．行列 **U** と **D** のこの特異の性質は，おそらく固有値が 3 重に縮重した 1 であることに起因していると思われる．

この行列 **U** と **D** の j/k 乗根の議論には Z インデックスは全然入ってこなかったが，次に左右対称の毛虫 (SymCat) を使うとピタゴラスの三角形がぞろぞろ生まれ出てくる話を紹介しよう．

8　毛虫からピタゴラスの三角形がぞろぞろ

図 6.2~6.4 に示した $\Delta 1, d1, \delta 1$ のグループの既約ピタゴラスの三角形の Z グラフの芯構造は，図 6.10 に示すような T 型か Y 型のいずれかであった．これまでに著者が扱ったすべての既約ピタゴラスの三角形の Z グラフの芯構造にはこれ以外のものは見つかっていないので，証明はできていないが，自信をもって

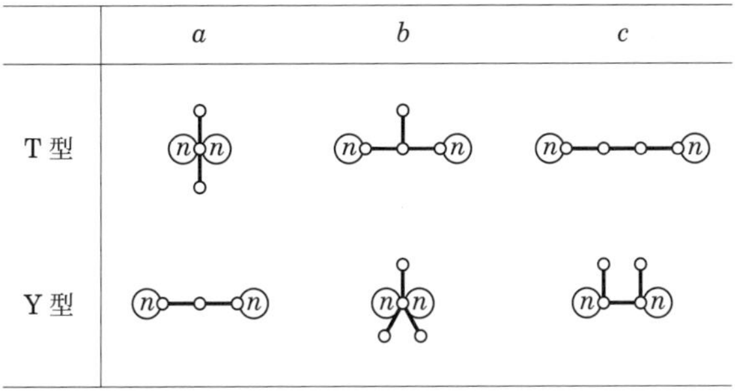

図 6.10　既約ピタゴラスの三角形の三辺の Z グラフの芯構造

「すべての既約ピタゴラスの三角形の三辺の Z グラフの芯構造は T 型か Y 型のいずれかである」

と推測できる．ここに使った記号 T と Y は，偶数辺 b の Z グラフの芯の部分の形に由来している．

このTとYの芯だけでなく，それらから成長した少し大きなピタゴラスの三角形の三辺の Z グラフそれぞれの両端に，左右同じグラフを対称的につけて成長した三つ組のグラフの Z 値も，ある大きなピタゴラスの三角形になっている．図 6.11 に例を示した．このときは，もとのピタゴラスの三角形も新たにできたピタゴラスの三角形も，必ずしも既約にはなっていない．

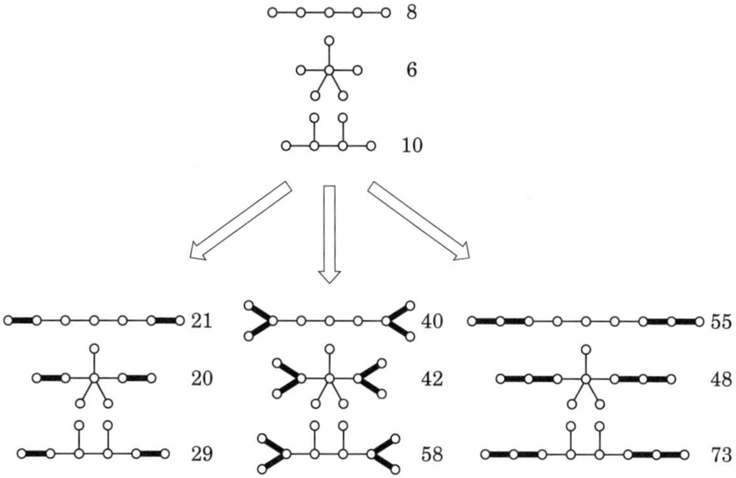

図 6.11　あるピタゴラスの三角形の Z グラフの両端を対称的に成長させて大きなピタゴラスの三角形をつくる．(8,6,10) と (40,42,58) は既約ではない．

このようにして，ピタゴラスの三角形の Z グラフを芯にして左右対称のグラフを成長させることによって，大きなピタゴラスの三角形を次々に作りだすことができる．そのときに左右につけ加えたグラフの Z 値が，でき上がったピタゴラスの三角形の Δ と δ の値，すなわち戸籍の情報を与えることもわかっているが，話が細かくなるのでここでは説明を省略する．読者各自でいろいろと調べてみることを勧める．

今度は逆に，ある大きなピタゴラスの三角形が与えられたときに，その三

辺の Z グラフがどういう毛虫グラフになるかを考えてみよう．例をバビロニアのプリンプトンの粘土板にあった一番大きな既約ピタゴラスの三角形 (12709, 13500, 18541) にとる．一般に既約ピタゴラスの三角形の斜辺 c は必ず互いに素な偶数と奇数の平方の和で表されることがわかっているので，試行錯誤的にでもかまわないから，

$$18541 = 125^2 + 54^2$$

の関係をまず求める．この二数，(125, 54) が既約であることは承知の上で，ユークリッドの互除法でそれを確認してみよう．図 6.12 の (a) でそれが実行されている．

こうして得られた太字の数列 (2, 3, 5, 1, 2) から 1 ずつ引いた本数の足を長さ 5 の経路グラフ P_5 の各点から生やした毛虫グラフ $C_5(2, 3, 5, 1, 2)$ が (c) で，斜辺 c に対応する SymCat の半分である．その Z 値は (b) を下から上へ漸化的にたどって計算される．ところがこの手続きの逆を，われわれは

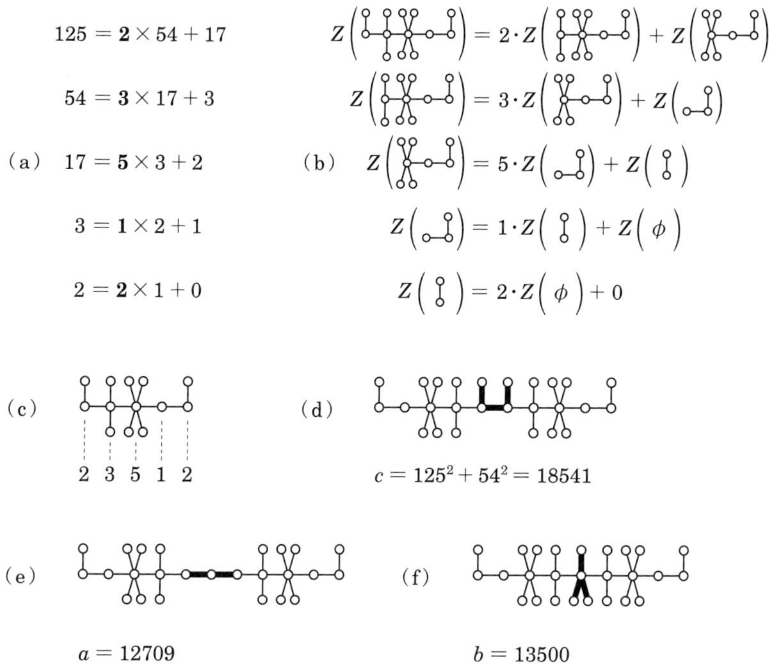

図 **6.12**　バビロニアのピタゴラスの三角形を毛虫につくりかえる

すでにユークリッドの互除法として (a) でやっていたのである．

ここで (b) の上の二つのグラフの Z が 125 と 54 であることを確認してほしい，これらの平方の和が 18541 になっている．そのことを頭に入れて，2 個の (c) を 1 本の辺でつないだ (d) というグラフをつくると，その Z インデックスが 18541 になり，斜辺 c の毛虫グラフが (d) になっていることが納得されるであろう．

この (d) のグラフは太線で描いた $\sqcup$ 型の芯に，$Z = 54$ のグラフを 2 個接合させたと考えることもできる．残りの 2 本の足 a と b の Z グラフは，それぞれ P_3 と Y 字型のグラフを芯として (e), (f) のように作り上げられる．

このように，ピタゴラスの三角形の議論に Z インデックスと Z グラフをかみ合せると，とくに SymCat を通じて，これまでだれも気がつかなかった数学的な構造が見つかるのである．さらに，ピタゴラスの三角形とは関係がないと思われてきた他の概念との思いがけない関係がいろいろと見つかることもある．その一つとして平方根の有理数近似の図形的な意味の発見がある．それは章を改めて説明する．

ピタゴラスの三角形についてのもう少し詳しい話は，著者の書いた『ピタゴラスの三角形とその数理』という本を見て欲しい．なおそれも含めて，著者の数学的に穴だらけの論理を信州大の沼田泰英と門井智子のお二人が厳密な論文で裏打ちしてくださった．深く感謝する次第である[17]．

第 6 章の問題

（1）図 6.2 の $k = 5$ と 6 の数値やグラフを補え．

（2）図 6.3 の $k = 5$ と 6 の数値やグラフを補え．

（3）図 6.4 の $k = 5$ と 6 の数値やグラフを補え．

（4）6.5 節に説明した方法で $\mathbf{U}^{-1}$ と $\mathbf{D}^{-1}$ と $\mathbf{A}^{-1}$ を求めよ．$\mathbf{U}^{-1}$ と $\mathbf{D}^{-1}$ については．(6.43) と (6.44) から得られたものと比べよ．

第 6 章の参考文献

[1] B. シェルピンスキー 著・銀林 浩 訳『ピタゴラスの三角形』東京図書 (1993).
[2] A. H. Beiler, *Recreations in the Theory of Numbers. The Queen of Mathematics Entertains*, Dover (1964).
[3] 大矢真一,『ピタゴラスの定理』東海大学出版会 (2001).
[4] E. マオール 著・伊里由美 訳,『ピタゴラスの定理』岩波書店 (2008).
[5] J. H. コンウェイ, R. K. ガイ 著・根上生也 訳,『数の本』シュプリンガー・フェアラーク東京 (2001) ／丸善出版 (2012).
[6] `http://en.wikipedia.org/wiki/Pythagorean_triple`
[7] `https://mathworld.wolfram.com/PythagoreanTriple.html`
[8] H. Hosoya, *Natl. Sci. Rept. Ochanomizu Univ.*, **59** (2) (2009) 1.
[9] 細矢治夫,『数学セミナー』, **48** (11) (2009) 49.
[10] F. J. M. Barning, *Math. Centrum Amsterdam Afd. Zuivere Wisk.* **ZW-011** (1963) 37.
[11] A. Hall, *Math. Gaz.*, **54** (1970) 377.
[12] 小林吹代,『ピタゴラス数を生み出す行列の話』ベレ出版 (2008).
[13] H. Hosoya, *Croat. Chem. Acta*, **80** (2007) 239.
[14] H. Hosoya, *Natl. Sci. Rept. Ochanomizu Univ.*, **59** (2) (2009) 15.
[15] H. Hosoya, *Natl. Sci. Rept. Ochanomizu Univ.*, **59** (1) (2008) 19.
[16] 細矢治夫,『ピタゴラスの三角形とその数理』(数学のかんどころ 6) 共立出版 (2011).
[17] T. Kadoi, Y. Numata, *Notes on Number Theory and Discrete Mathematics*, **22** (1) (2016) 59.

トポロジカル・インデックスの王国（I）

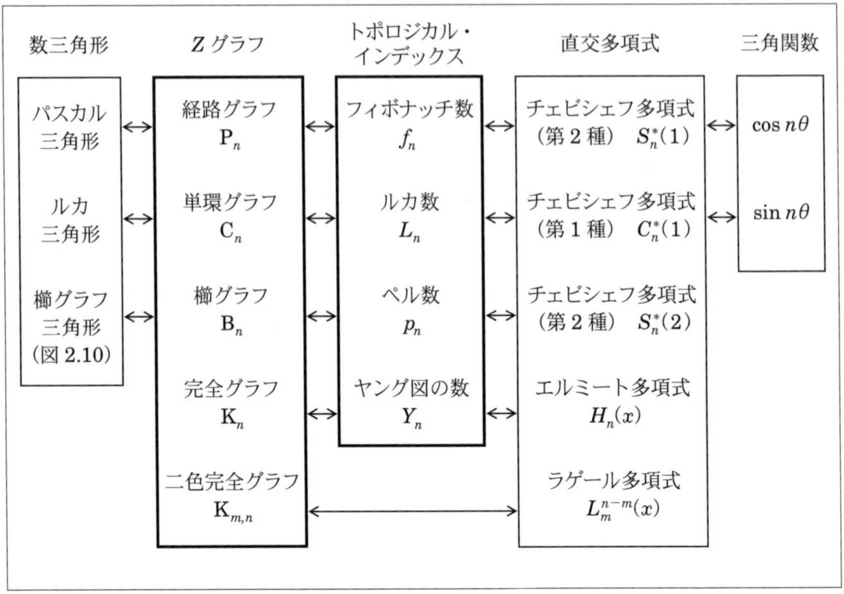

トポロジカル・インデックスの王国（II）

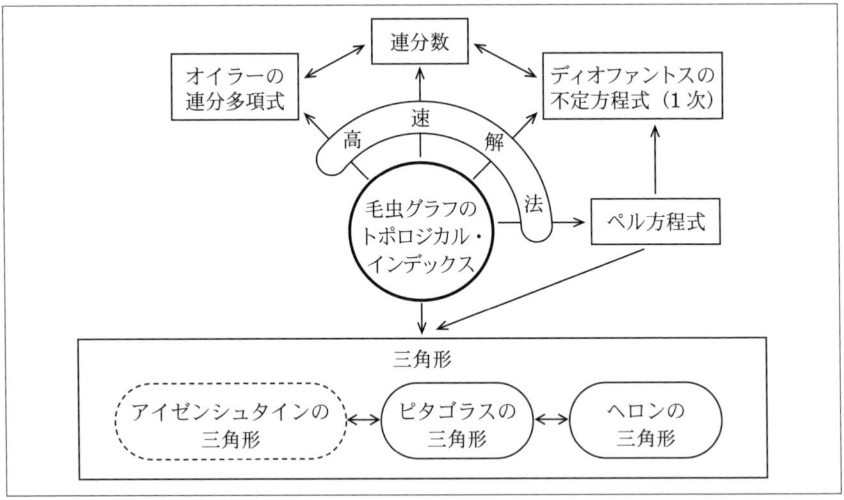

7章

木グラフを支配する トポロジカル・インデックス

1　木グラフと Z インデックスの相性

これまでさまざまなグラフの Z 値が出てきたが，第 3 章以外ではほとんど木グラフに関わるもので，前章末の「トポロジカル・インデックスの王国」にも明らかなように，そこでは毛虫グラフが大手を振るっている．それを支えているのが Z インデックスと連分数である．しかし第 2 章にも示したように，点の数 N が 20 以上になると，木グラフの中での毛虫グラフの存在感は急速に薄れていくことも事実である．

一応そういうことも頭に入れて，木グラフと Z インデックスとの相性の良さを本章で確認することにしよう．

2　等電木

グラフ理論では，特性多項式 $P_{\mathrm{G}}(x)$ の解の集合をスペクトルと定義しており，スペクトルの同じグラフ同士は互いに等スペクトルであるという [1,2]．点の数 N が大きくなれば，ほとんどすべてのグラフには等スペクトルの相手ができてしまうという「迷信」がグラフ理論の世界には蔓延している．確かに，コンピュータで多数のグラフのスペクトルを計算して，統計的な議論はしているのだが，先ほどの迷信を信じさせるような論文は実は存在していない．同様に，木グラフ全体についての系統的な議論も意外にきちんと詰められていない，というのが現状である．「等スペクトル」という英語の形容詞も “cospectral” [1,2] と “isospectral” [3] の二通りがあってわずらわしい．

そこで著者は，Z インデックスを駆使して木グラフのスペクトルに基づく系統樹ないしは「家系図」作りを行ない，一定の成果を得たのでここに紹介しようと思う．以下等スペクトルの木を「等電木」と簡略化して呼ぶことにする．

まず，既に紹介したいくつかの式を確認しておこう．特性多項式 $P_{\mathrm{G}}(x)$，Z-数え上げ多項式 $Q_{\mathrm{G}}(x)$，非隣接数 $p(\mathrm{G},k)$，および Z インデックスの間の関係である．

$$P_{\mathrm{G}}(x) = \sum_{k=0}^{\lfloor N/2 \rfloor} (-1)^k p(\mathrm{G},k) x^{N-2k} \qquad (\mathrm{G}\ \text{は木グラフ}) \tag{7.1}$$

$$Q_{\mathrm{G}}(x) = \sum_{k=0}^{\lfloor N/2 \rfloor} p(\mathrm{G},k) x^k \tag{7.2}$$

$$Z_{\mathrm{G}} = \sum_{k=0}^{\lfloor N/2 \rfloor} p(\mathrm{G},k) = Q_{\mathrm{G}}(1) \tag{7.3}$$

また，グラフのこれらの特性量の手計算には，図 2.7 の漸化式が役に立つ．

木グラフの数は表 1.1 に示してあるが，N が 10 前後のものまでについてグラフの間の関係を詳しく吟味していくことにする．まず等電木を調べると，最小のものは $N=8$ の **1** と **2** である．なお，太字の洋数字は本章で便宜的につけたものである．

1

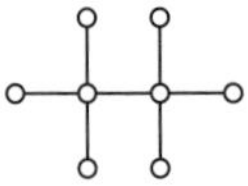
2

その P, Q, Z はそれぞれ，

$$P_{\mathrm{G}}(x) = x^8 - 7x^6 + 9x^4$$

$$Q_{\mathrm{G}}(x) = 1 + 7x + 9x^2$$

$$Z_{\mathrm{G}} = 1 + 7 + 9 = 17$$

となる．肝心のスペクトル，すなわち P の解は 2 次方程式を使って求められるが，以下の議論には使わないのであえてここに示すことはない．以後は，$p(\mathrm{G},k)$ と Z 値が主役を務めることになる．

次に大きい $N=9$ では 5 組，$N=10$ では 4 組の等電木が見つかっている (表 7.1) [4]．

$N=9$	$p(\mathrm{G},k)$					Z_{G}
	$k=0$	1	2	3	4	
	1	8	17	10		36
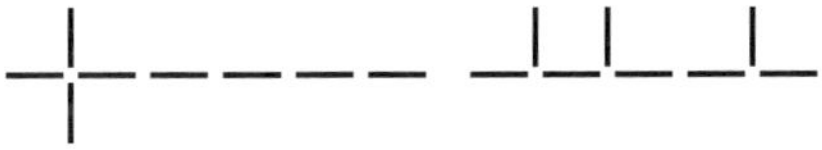	1	8	18	10		37
	1	8	18	12		39
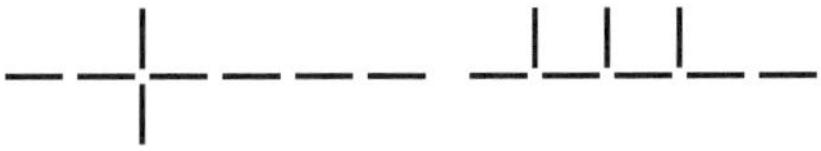	1	8	18	12	2	41
	1	8	19	14	2	44

$N=10$	$p(\mathrm{G},k)$					Z_{G}
	$k=0$	1	2	3	4	
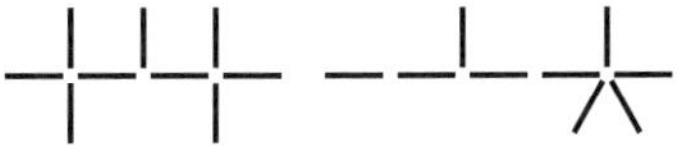	1	9	21	9		40
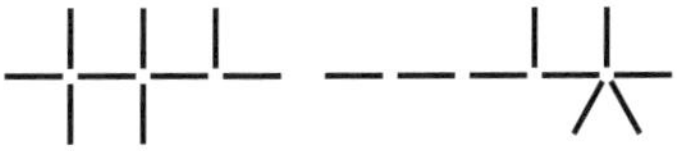	1	9	21	12		43
	1	9	26	27	8	71
	1	9	26	28	9	73

表 7.1　$N=9,10$ の等電木 (グラフの頂点は省略)

この先の $N=11,12,13$ の等電木の組数は，それぞれ，29, 56, 192 のように増えていくが[5]，$N=20$ では，約 82 万もある木グラフの中で等電木はわずかに 8 万組なので 2 割にも達していない．したがってあまり大きくない木グラフの中での等電木の身元調査のやり甲斐は十分にあるであろう．まず $N=11$ までの等電木の対の構造を見ていく (図 7.1 参照) と，$N=10$ のグラフ対の **3** と **4** は，$N=9$ のグラフ **5** の違う点に長さ 1 の「ひげ」を付け加えてでき上がったものだということ，さらにそのひげを長さ 2 にすると，**6** と **7**，ひげを長さ 1 の 2 本足にすると，**8** と **9** という，それぞれ別の等電木対が生成し，この調子で次々に大きな等電木対が生まれてくることも知られている．

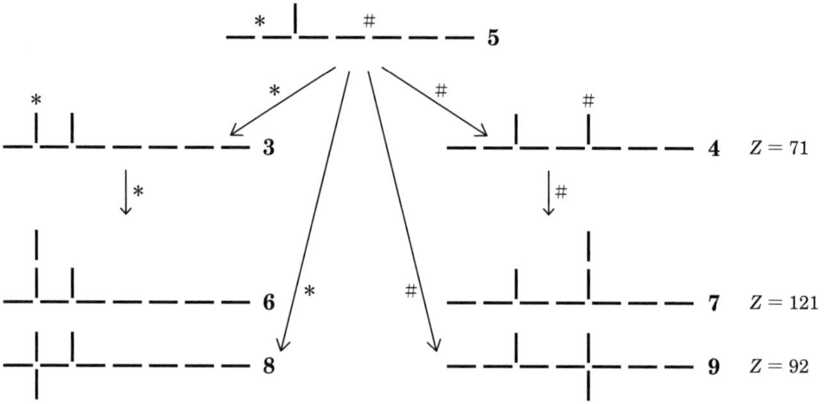

図 **7.1**　$N=9$ のグラフ **5** から生じる等電木

グラフ理論が専門の数学者も数理化学者も，このような性質をもつ **5** のようなグラフのことを “endospectral graph” と呼んで多くの論文が出たのだが，そのほとんどは非木グラフについての研究で，木グラフのことは忘れ去られてしまったようである[6]．実際に，$N=11$ の 29 組の等電木の中には endospectral graph 由来のものはないし，$N=12$ でも著者の知る限りで 3 組の等電木しか見つかっていない．

3　Dormant とは

最近著者は Z インデックスを使って等電木を多様に生み出すグラフ群を発見した．それらは endospectral graph より高度の数学的な性質をもつので，あえて dormant という愛称をつけた [7,8]．その最小のものは，$N=5$ の木グラフ **10** で，最小の等電木対 **1**, **2** ($N=8$) を生み出すことができる．

10

図 7.2 の **11** と **12** のように，この **10** にそれぞれ 3 個ずつの Ⓖ というグラフを付け加えてみる．G を長さ 1 の辺にしたのが，**1** と **2** の最小の等電木である．この G を長さ 2 の辺にすると $N=11$ の等電木対の **13** と **14** が生じ，G を大きくすれば，次々に大きな等電木の組ができてくるのである．図中の数字 (vw) 等については次項で説明する．

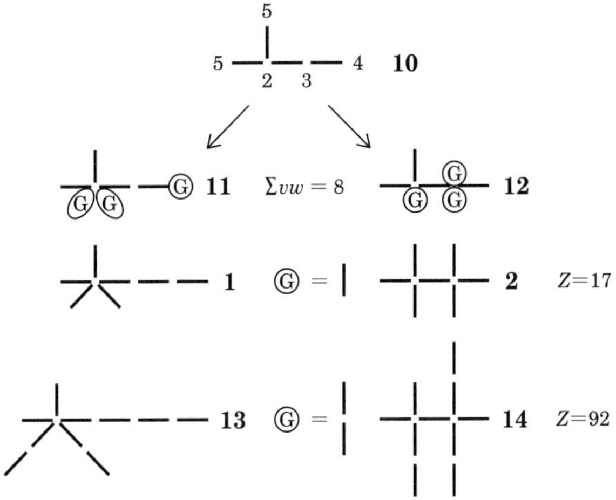

図 **7.2**　$N=5$ の最小の dormant **10**

さらに面白いことに，この **10** に 図 7.3 のように 4 個ずつの G を 2 通りに付け加えると，表 7.1 の $N=9$ の最初の等電木対 (**15**, **16**) が生じるのである (ただし，G は長さ 1 の辺)．もともと dormant という英単語は,「冬眠の」という意味の形容詞なのだが，等電木を次々と生み出す「眠り姫」というような親しみの意味を込めて著者が作った名詞である．この dormant D の中で，G の接合する点を「芽 (sprout)」，その芽の数を重複度と呼べば，木グラフ **10** は重複度が 3 と 4 の dormant としての働きをするわけである．ところがそれだけではなく，この **10** は，さらに図 7.3 のように重複度が 6 と 7 にもなるという優れものなのだ．

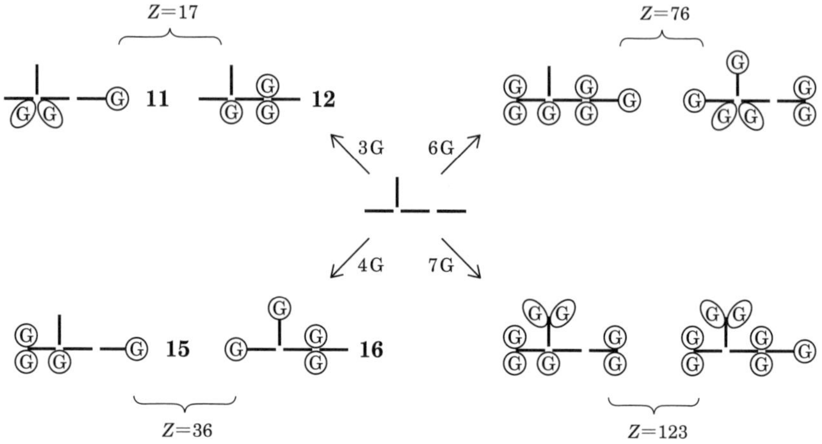

図 **7.3**　dormant **10** の芽の数は 3, 4, 6, 7 と多様．
Z 値は G を長さ 1 の辺としたときの値

後に示すように，$N = 6$ 以上になれば重複度が多様な dormant が次々に見つかってくる．このような dormant を知った目で見れば，**5** のような endospectral graph は dormant には違いないが，最も単純な single dormant という位置付けになるのである．著者が現在までに見つけた最も複雑な dormant は $N = 6$ の **15** という木グラフである．これは図 7.4 のように，重複度が 3, 4, 6, 8, 9 という，実に最高 9 本の足をもつ dormant の働きをするのである．

このような dormant を見つけるために Z 値が大活躍をするのであるが，そのレシピと，厳密ではないが，その裏付けの概略を紹介する．さらに詳しく知りたい読者は著者の原著 [8,9] を見て欲しい．この dormant には数学的な厳密さに若干欠けるところがあるのだが，endospectral graph を包含する新概念だという事実を実感してもらいたい．

多重 dormant 

重複度	等電木対	Z
3		41
4		43
4		40
6		103
8		303
8		303
9	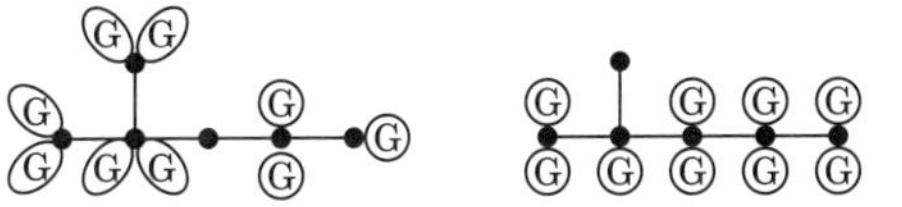	360
9	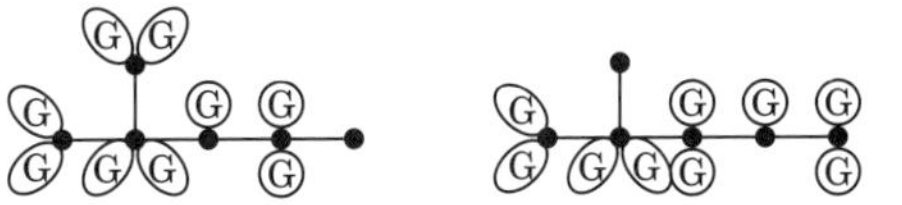	333

図 **7.4**　これまでに分かっている最も多様な dormant.
Z 値は G を長さ 1 の辺としたときの値.

4　Dormant の数理

最も簡単な single dormant の数理について説明しよう．図 7.5 のように，dormant になるグラフ D とそれに接合するグラフ G が 1 点 s を共有してでき

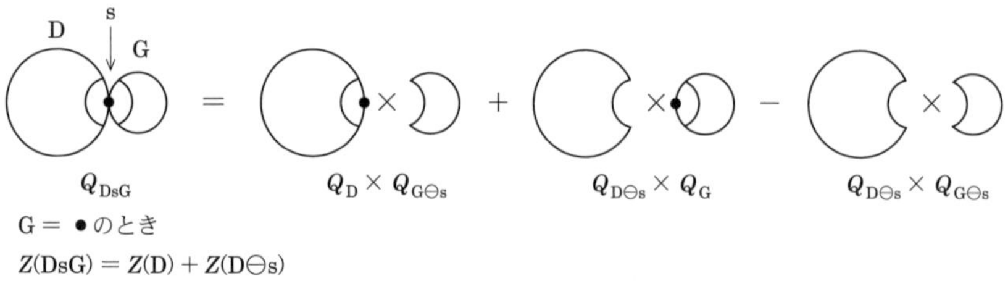

図 7.5　二つのグラフ D と G が 1 点 s を共有してできるグラフの Q 多項式

たグラフ DsG の Z 数え上げ多項式 $Q_{\rm DsG}$ がどのように表されるかを考える．

以下煩わしいので，$Q_{\rm DsG}$ を単に DsG と書くことにしよう．そこで，D および G の点 s とそれに隣接するすべての辺を除いた部分グラフを，それぞれ，D⊖s, G⊖s とすると，次のような漸化式が成り立つことが既に知られている．

$$\mathrm{DsG} = \mathrm{D}\cdot\mathrm{G}\ominus\mathrm{s}+\mathrm{D}\ominus\mathrm{s}\cdot\mathrm{G}-\mathrm{D}\ominus\mathrm{s}\cdot\mathrm{G}\ominus\mathrm{s} \tag{7.4}$$

ここで，

$$\mathrm{G}\ominus\mathrm{s} = \mathrm{H} \tag{7.5}$$

とおけば，(7.4) は

$$\mathrm{DsG} = \mathrm{D}\cdot\mathrm{H}+(\mathrm{G}-\mathrm{H})\cdot\mathrm{D}\ominus\mathrm{s} \tag{7.6}$$

となる．

今 G を長さ 1 の辺とすると，

$$\mathrm{G} = 1+x, \qquad \mathrm{H} = 1 \tag{7.7}$$

となるから，DsG は

$$\mathrm{DsG} = \mathrm{D}+x\mathrm{D}\ominus\mathrm{s} \tag{7.8}$$

となる．

改めてきちんと書けば，

$$Q_{\rm DsG} = Q_{\rm D}+xQ_{\rm D\ominus s} \tag{7.9}$$

となる．ここに $x = 1$ を入れれば，Z 値に対する式

$$Z(\mathrm{DsG}) = Z(\mathrm{D})+Z(\mathrm{D}\ominus\mathrm{s}) \tag{7.10}$$

が得られる．さて D の中の s とは異なる別の点 t に G を接合して DtG を作ると，その Q 関数は

$$Q_{\mathrm{DtG}} = Q_{\mathrm{D}} + xQ_{\mathrm{D}\ominus\mathrm{t}} \tag{7.11}$$

で表される．もし，Q_{DsG} と Q_{DtG} が等しければ，つまり等電木ならば，

$$Q_{\mathrm{D}\ominus\mathrm{s}} = Q_{\mathrm{D}\ominus\mathrm{t}} \tag{7.12}$$

であり．逆もまた真である．

つまり，

[定理 7.1]　グラフ D の 2 点 s と t で，$Q_{\mathrm{D}\ominus\mathrm{s}} = Q_{\mathrm{D}\ominus\mathrm{t}}$ ならば，二つのグラフ DsG と DtG は等電木となる．また DsG と DtG が等電木なら，$Q_{\mathrm{D}}\ominus\mathrm{s} = Q_{\mathrm{D}}\ominus\mathrm{t}$ である．

しかし Z 値に関しては事情は少し違ってくる．その理由は，Z 値が等しくても Q 関数が異なる場合がいくらでもあるからである．つまり，Q 関数に関する (7.12) 式は必要十分だが，Z に関しては十分条件でしかない．そこで [定理 7.1] の代わりに，次のような

[作戦 7.1]　グラフ D の 2 点 s と t で，$Z(\mathrm{D}\ominus\mathrm{s}) = Z(\mathrm{D}\ominus\mathrm{t})$ ならば，二つのグラフ DsG と DtG が等電木である可能性が高い．

という等電木を探す有効なレシピが得られるのである．実際に D を endospectral graph **5** に選び，その各点の $Z(\mathrm{D}\ominus\mathrm{s})$ を計算した結果を図 7.6 に示した．

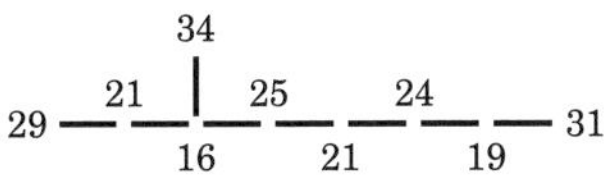

5

図 7.6　グラフ **5** の各頂点の重み

以後，この $Z(\mathrm{D}\ominus\mathrm{s})$ のような値をグラフ D の点 s の重み (vertex weight, *vw*) と呼ぶことにするが，グラフ **5** の場合，重みの等しい 2 点を芽に選び，1 個ずつ同じグラフ G を接合すると等電木が生じることが示されたわけである．この場合，G は非木グラフでも構わない．Endospectral graph **5** を紹介している論文や著書はいくつもあるが [1,2,6]，Z 値や点の重みを使った議論は著者

のオリジナルである．

続いて double dormant に話を進める．グラフ **5** の右端にもう 1 本の辺を継ぎ足したグラフ **17** を選び，その各点の重みを求めた結果を図 7.7 に示した．

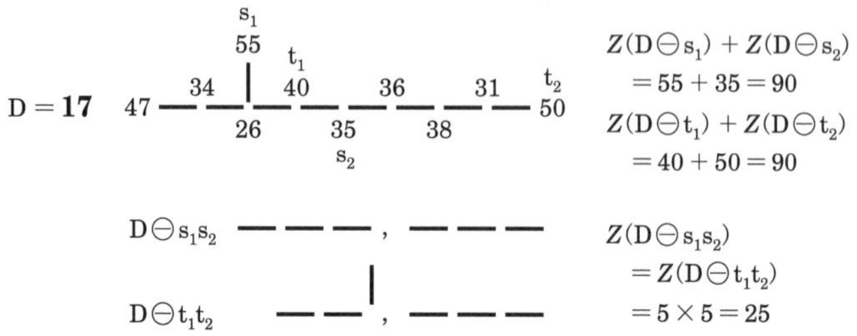

図 **7.7**　グラフ **17** とその各頂点の重み

この場合は $Z(\mathrm{D}\ominus \mathrm{s})$ が等しい点がないので，single dormant である可能性はない．しかし，2 点の重みの和が等しい (35, 55) と (40, 50) という対が 2 組見つかった．試しに，これらの点を芽とするように長さ 1 の辺をこの 2 組に接合してグラフ **18** と **19** を作り，

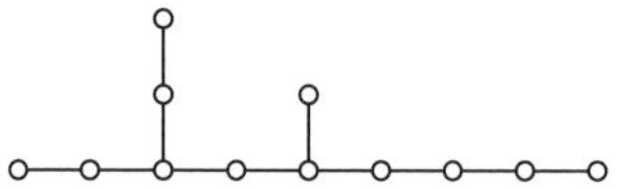
18

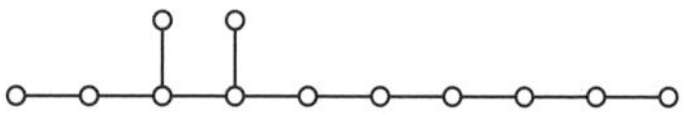
19

Q 関数と Z 値を求めてみると，

$$Q_{\mathbf{18}} = Q_{\mathbf{19}} = 1+11x+43x^2+73x^3+53x^4+14x^5+x^6$$

$$Z(\mathbf{18}) = Z(\mathbf{19}) = 1+11+43+73+53+14+1 = 196$$

となり，この二つのグラフが等電木で，**17** はそれらを生み出す double dormant であることが分ったのである．しかしこれは結果的には幸運なことで，その裏でもう一つの数学的な関係が支えていたのである．それは，図 7.7 に示したように，**17** から $(\mathrm{s}_1, \mathrm{s}_2) = (35, 55)$ の 2 点とそれらに隣接するすべての辺を除いたグラフ $\mathrm{D}\ominus \mathrm{s}_1\mathrm{s}_2$，および (40, 50) の 2 点から生じる $\mathrm{D}\ominus \mathrm{t}_1\mathrm{t}_2$ のいずれもが，同じ Q 関数と Z 値をもつという事実である．すなわち，D から切り出されたこの二つの部分グラフはいずれも，S_4 と表される経路グラフが 2 個ずつなので，

$$Q = (1+3x+x^2)^2, \qquad Z = 5^2 = 25$$

という等しい特性量をもっているのである．

詳しい議論は著者の原報に譲るが，グラフ D の二つの芽 s_1 と s_2 に長さ 1 の辺 $\mathrm{G} = \mathrm{S}_2$ を接合させてできるグラフ $\mathrm{Ds}_1\mathrm{s}_2\mathrm{G}$ の Z 値は次のように表される．

$$Z(\mathrm{D}s_1s_2\mathrm{G}) = Z(\mathrm{D}) + \{Z(\mathrm{D}\ominus s_1) + Z(\mathrm{D}\ominus s_2)\} + Z(\mathrm{D}\ominus s_1s_2)$$
$$(\mathrm{G} = \mathrm{S}_2) \tag{7.13}$$

同じように，D の別の二つの芽 t_1 と t_2 に同じ長さ 1 の辺 G を接合させたできるグラフ $\mathrm{Dt}_1\mathrm{t}_2\mathrm{G}$ の Z 値も

$$Z(\mathrm{Dt}_1\mathrm{t}_2\mathrm{G}) = Z(\mathrm{D}) + \{Z(\mathrm{D}\ominus \mathrm{t}_1) + Z(\mathrm{D}\ominus \mathrm{t}_2)\} + Z(\mathrm{D}\ominus \mathrm{t}_1\mathrm{t}_2)$$
$$(\mathrm{G} = \mathrm{S}_2) \tag{7.14}$$

と表される．この 2 式から，

[作戦 7.2]　グラフ D の 4 点 $(\mathrm{s}_1, \mathrm{s}_2)$ および $(\mathrm{t}_1, \mathrm{t}_2)$ で，$\sum Z(\mathrm{D}\ominus \mathrm{s}) = Z(\mathrm{D}\ominus \mathrm{s}_1) + Z(\mathrm{D}\ominus \mathrm{s}_2) = Z(\mathrm{D}\ominus \mathrm{t}_1) + Z(\mathrm{D}\ominus \mathrm{t}_2)$，および $(\mathrm{D}\ominus \mathrm{s}_1\mathrm{s}_2) = Z(\mathrm{D}\ominus \mathrm{t}_1\mathrm{t}_2)$ ならば，二つのグラフ $\mathrm{Ds}_1\mathrm{s}_2\mathrm{G}$ と $\mathrm{Dt}_1\mathrm{t}_2\mathrm{G}$ が等電木である可能性が高い．

図 7.7 に示したグラフ **17** はこのレシピでうまくいった例である．しかし一方では，この同じグラフ **17** の頂点の重み (vw) をいろいろ調べてみると，vw の和 $\sum vw = \sum Z(\mathrm{D}\ominus \mathrm{s})$ が同じ値であっても，$Z(\mathrm{D}\ominus \mathrm{s}_1\mathrm{s}_2)$ が異なるために等電木にはならないという例がいくつもあるということが分った．それを表 7.2 に示した．

(s_1, s_2)	(55,26)(50,31)(47,34)	(50,26)(40,36)	(40,34)(38,36)	(40,31)(36,35)
$\sum Z(D\ominus s)$	$81 = 81 = 81$	$76 = 76$	$74 = 74$	$71 = 71$
$\sum Z(D\ominus s_1s_2)$	$26 \neq 31 \neq 34$	$16 \neq 15$	$16 \neq 24$	$15 \neq 21$

表 7.2　$\sum Z(\mathrm{D}\ominus \mathrm{s})$ が同じでも double 等電木にならない例 (グラフ **17**)

この [作戦 7.2] が導かれた裏には，Q 関数についてのきちんとした解析が

あるのだが，ここではその説明を省略してある．詳しくは著者の原報を見て欲しい．

さらに芽の数が 3 の triple dormant についてもこのような解析を続けることができる．この場合は，(7.13) や (7.14) に対応する式として，

$$Z(\mathrm{Ds_1s_2s_3G}) = Z(\mathrm{D}) + \sum Z(\mathrm{D}\ominus\mathrm{s}) + \sum Z(\mathrm{D}\ominus\mathrm{s_1s_2}) + \sum Z(\mathrm{D}\ominus\mathrm{s_1s_2s_3}) \qquad (\mathrm{G} = \mathrm{S_2}) \tag{7.15}$$

という結果が得られる．ここで $\sum Z(\mathrm{D}\ominus\mathrm{s_1s_2})$ は，三つの芽から二つを選んだ 3 組についての Z 値の和である．(7.15) 式の右辺の値が等しい $\mathrm{Dt_1t_2t_3G}$ が見つかれば，その D が triple dormant になるのであるが，闇雲にそれを探すのは大変である．さらに芽の数が増えれば増えるほど，等電木になるための条件が厳しくなってくる．ところが幸いなことには，次のようなレシピが有用であることが分った．

[作戦 7.3]　芽の数が複数の多重 dormant は，vw の和 $\sum Z(\mathrm{D}\ominus\mathrm{s})$ とすべての芽を除いたグラフの $Z(\mathrm{D}\ominus\mathrm{all\ s})$ の等しい芽の組合せから探すのが有効である．

例として図 7.8 を見て欲しい．すなわち，$N = 8$ のグラフ **20** の vw はすべて異なるので，single dormant にはなり得ない．ところが，double dormant としての候補は，

$$(13,21) \Leftrightarrow (15,19), \quad (12,21) \Leftrightarrow (14,19), \quad (10,21) \Leftrightarrow (12,19),$$
$$(10,19) \Leftrightarrow (14,15), \quad (13,15) \Leftrightarrow (10,18), \quad (13,14) \Leftrightarrow (12,15),$$
$$(10,15) \Leftrightarrow (12,13)$$

のようにたくさんあるのだが，そのいずれもが $Z(\mathrm{D}\ominus\mathrm{all\ s}) = Z(\mathrm{D}\ominus\mathrm{s_1s_2})$ という条件を満たさないので，double dormant にはなり得ない．

ところが，(13, 14) と (12, 15) の両方に $vw = 10$ の点を加えると，図 7.8 のように $Z(\mathrm{D}\ominus\mathrm{all\ s})$ も等しくなり，グラフ **20** が $(10,13,14) \Leftrightarrow (10,12,15)$ という等電木を生じる triple dormant になっていることが分る．まったく同じように，このグラフ **20** は (13, 15) と (10, 18) に $vw = 12$ の点を加えた $(12,13,15) \Leftrightarrow (10,12,18)$ という等電木を生じる triple dormant になっていることが示されるのである．

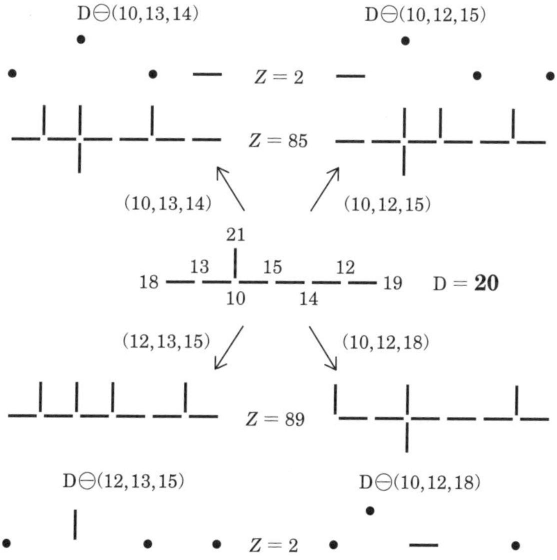

図 **7.8**　2 組の等電木を生じる triple dormant

5　多様な Dormant

Dormant についての議論は尽きないが，ここではいくつかの特別な性質をもった dormant を紹介するに止めよう．これらの議論はすべて Z インデックスを駆使して得られたものである．

[Symmetric dormant]　正しくは mirror-symmetric dormant と呼ぶべきであろうが，$N=6$ のグラフ **21** は 図 7.9 のように，鏡映対称の等電木の対を次々に生み出す triple dormant になっている．

さらにこの **21** は図 7.10 のように多重度が 5 と 7 の多重 dormant にもなっているのだが，生じる等電木の中の，それぞれの一方が鏡映対称になっているという面白い性質をもっている．

[Intrinsic dormant]　上に紹介した **21** を triple dormant として生じる木グラフの対が等電木になっているかどうかは，それらの Q 関数を調べる必要があるのだが，図 7.11 のように↑で指し示した辺 l を切断して，

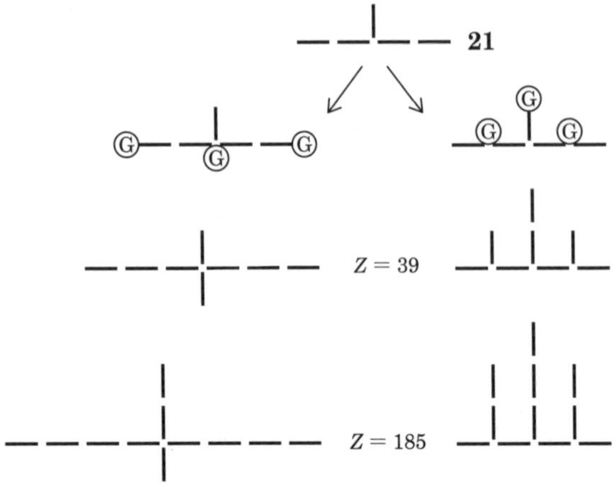

図 **7.9**　鏡映対称等電木を生じる triple dormant

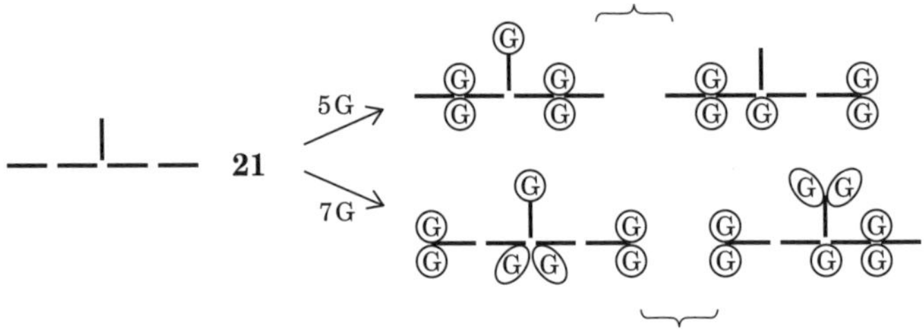

図 **7.10**　片方の等電木だけが鏡映対称のグラフを生じる

$$Q_{\mathrm{D}} = Q_{\mathrm{D}-l} + xQ_{\mathrm{D}\ominus l} \tag{7.16}$$

という漸化式を使うと，この二つのグラフの $Q_{\mathrm{D}-l}$ と $Q_{\mathrm{D}\ominus l}$ のいずれもが等しくなることが分る．

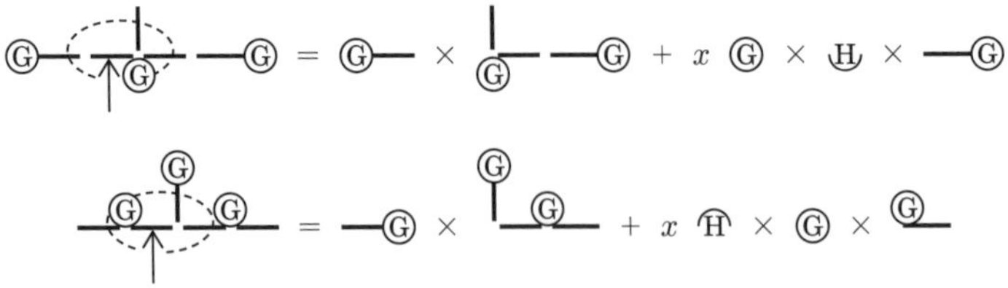

図 **7.11**　Intrinsic dormant の例

ただしこのとき，$\mathrm{D}\ominus l$ の操作の際にグラフ G を切断するのだが，$\mathrm{G}\ominus \mathrm{s} =$

H という (7.5) 式を使っている．その結果分ったことは，この triple dormant にどんなグラフ G (非木グラフも含めて) が接合しても，等電木の対が生成することが証明されたということである．これまでに得られた多くの dormant の中にはこのような性質のものがいくつもあることが分った．それらを intrinsic dormant と呼ぶことにする．Intrinsic とは，「本来の」とか「本質的の」という意味の言葉である．

[Highly multiple dormant]　グラフ **21** の dormant としての多重度は，3, 5, 7 と多様であったが，これまでに見つかった最高の多重度をもつ dormant は nonuple，すなわち 9 重の **22** というグラフである (図 7.12).

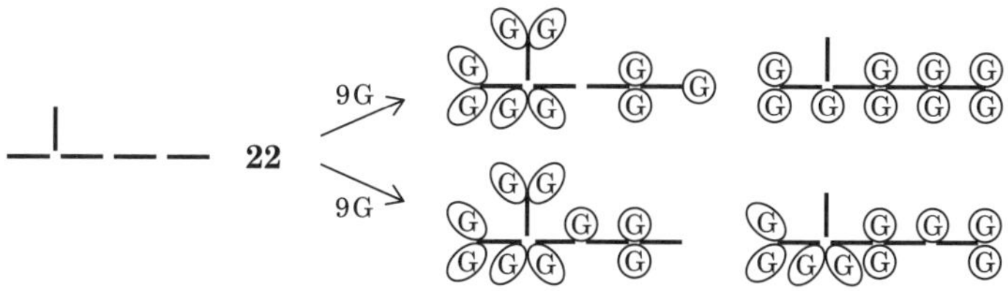

図 **7.12**　多重度が 9 の dormant

念の入ったことに，このグラフ **22** は二通りの nonuple dormant として働くことも分った．

[Linear dormant]　ほとんどの dormant 木は 1 本以上の枝分かれをもっているが，これまでに $N=8$ と 11 の 2 種類の線形の dormant が見つかっている．いずれも多重度が 4 の quadruple dormant である (図 7.13).

[Peculiar dormant]　グラフ **23** には vw が 102, 121, 172 という点が 2 組ずつ存在して，それらはトポロジー的に同等でない．したがって 3 種類の single dormant として働くことはすぐ分る．Double で 6 種類，triple で 22 種類というように，多重度が一つ増える度にその種類は倍増していくので，限りなく多くの種類の dormant として働く．したがって上に紹介した highly multiple dormant よりさらに多重度の高い dormant が存在するのは簡単に予想されるが，煩わしいのでその追跡は行っていない．

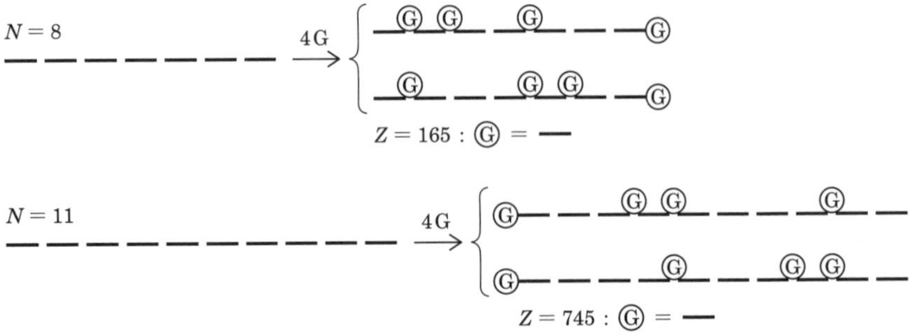

図 **7.13**　Linear dormant 2 種

このように dormant に関する話題はたくさんあるが，くどくなるのでこの辺で止めておこう．dormant に関する議論は Z インデックスを使って初めて多様に行えるということを改めて強調しておきたい．

6　木グラフを並べる

これまでの dormant の議論は，点の数 N の違う木グラフ間の関係についてのものだったが，同じ N の木グラフ (異性体と呼ぼう) の間の関係について系統的に考えてみたい．

ここで木グラフを並べることを考えてみる．等電木の問題はあるが，Z を使うのが最も手っ取り早い．第 2 章の表 2.4 等から明らかなように，この Z 値は異性体の中で枝分かれの度合いが増すごとに減少するので，この並べ方の妥当性はある程度認めても良いであろう．しかし，グラフ理論的にもう少し踏み込んだ意義付けを考えてみたい．

試みに，特性多項式 $P_{\mathrm{G}}(x)$ の解の絶対値の和 $S = \sum |x|$ が Z 値とどのような相関関係にあるかを調べてみる．表 7.3 に $N = 8$ の 23 種の異性体についての $P_{\mathrm{G}}(x)$ の係数 (すなわち $p(\mathrm{G}, k)$)，Z 値，および固有値和 S を示した．ただしここで，k の最大値 m の値に従ってグループ 1〜4 と分け，それぞれのグループ内は Z の値に従って並べた．その理由は S を Z に対してプロットした図 7.14 を見れば明らかであろう．ただし，グループ 1 は左下方に一つだけとび離れているので省略してある．また，S に解の絶対値を使った理由は，木グラフの $P_{\mathrm{G}}(x)$ の解は (2.13) 式から分るように $x = 0$ に関して正負

グループ 4 ($m=4$)	グラフ	$p(\mathrm{G},k)$ $k=0$	1	2	3	4	Z	S
1		1	7	15	10	1	34	9.52
2	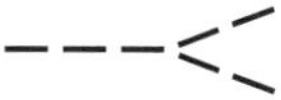	1	7	14	9	1	32	9.45
3		1	7	14	8	1	31	9.41
4		1	7	13	7	1	29	9.33
5	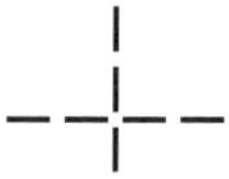	1	7	12	7	1	28	9.29

グループ 3 ($m=3$)	グラフ	$p(\mathrm{G},k)$ $k=0$	1	2	3	4	Z	S
6		1	7	14	8		30	8.83
7		1	7	14	7		29	8.76
8	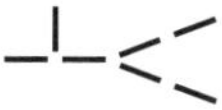	1	7	13	7		28	8.72
9		1	7	13	6		27	8.65
10		1	7	13	5		26	8.57
11		1	7	13	4		25	8.47
12	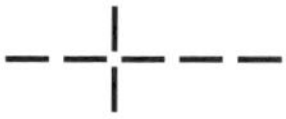	1	7	12	5		25	8.52
13		1	7	12	4		24	8.42
14	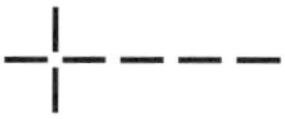	1	7	12	3		23	8.31
15		1	7	11	4		23	8.38
16	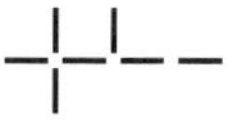	1	7	11	3		22	8.26
17		1	7	9	3		20	8.15

表 7.3　$N=8$ の木グラフの Z-S の関係

グループ 2 ($m=2$)	グラフ	$p(\mathrm{G},k)$ $k=0$	1	2	3	4	Z	S
18	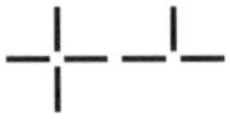	1	7	11			19	7.38
19		1	7	9			17	7.21
20	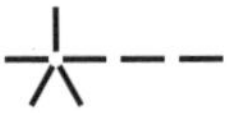	1	7	9			17	7.21
21		1	7	8			16	7.12
22		1	7	5			13	6.77

グループ 1 ($m=1$)	グラフ	$p(\mathrm{G},k)$ $k=0$	1	2	3	4	Z	S
23		1	7				8	5.29

表 **7.3** (続き)

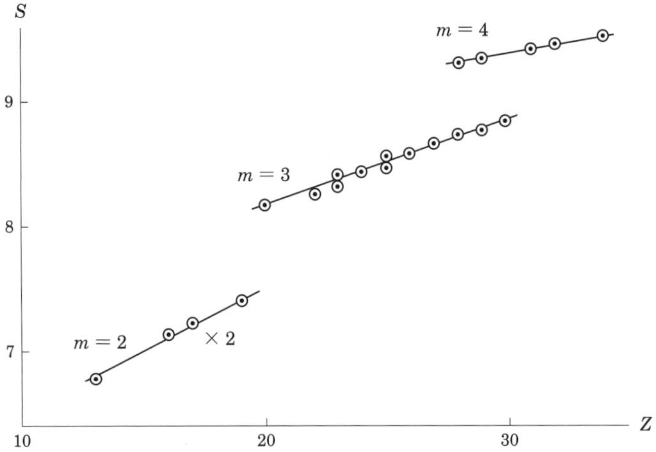

図 **7.14**　表 7.3 の相関図

対称的に現れるからである．ちなみにグループ 3 のグラフ 6 について言えば，x は $x^8-7x^6+14x^4-8x^2=0$ の解で

$$2.000, \quad 1.414, \quad 1.000, \quad 0, \quad 0, \quad -1.000, \quad -1.414, \quad -2.000$$

ということになる．

グループごとにきれいな右肩上がりの直線関係が得られているが，$N=8$ 以外の異性体群についても Z-S の間に同じような相関関係が見られる．ただし，グループ 2 には 1 対の等電木，グループ 3 には 2 対の「等 Z 木」があるように，N の大きさとともにその縮重度は増加していくが，N が 10 程度の異性体を考える際にはそれほど大きな問題にはならないであろう．

7　共役ポリエン

数理化学の分野では，この Z-S の相関関係は大きな意味をもっている．N が偶数の木グラフの中で，最大マッチングが $m=N/2$ で，しかも各点の次数が 3 を越えないものは「共役ポリエン」という分子群の炭素 (C) 原子骨格のグラフになっている．そういう分子の「全 π 電子エネルギー」はそのグラフの S の値に一致するのである．図 7.15 の四つの共役ポリエンは，表 7.3 のグループ 4 の 1 から 4 までのグラフに対応しており，そこに描かれた「二重結合」はグラフ理論でいうところの「最大マッチング」，すなわち $p(\mathrm{G},m)=1$ のパターンに一致している．同じグループ 4 の 5 というグラフでは，4 本の手をもつ点 (C 原子) の原子価が 5 になってしまうので除外されている．

1 のグラフを使ってもう少し詳しく説明しよう．化学では直鎖のオクタテトラエンという分子を図 7.16a あるいは少し簡略化した b のように描くことが多いが，C 原子骨格だけを抜き出した c でその特徴を簡単に記述できる．これは木グラフ d の最大マッチングパターンでもある．

この分子の各 C 原子から 1 個ずつ供給される 8 個の π 電子は $P_{\mathrm{G}}(x)=0$ の解 (固有値) の大きい方から順に 2 個ずつ図 7.17 のように入るので，この分子の全 π 電子エネルギー E_π は

$$E_\pi = 2\sum_{n=1}^{\lfloor N/2 \rfloor} x_n \tag{7.17}$$

に従って計算すると，$2(1.879+1.532+1.000+0.347)=9.52$ という値が得ら

グループ 4	グラフ	Z	E_π	L
1		34	9.518	4
2	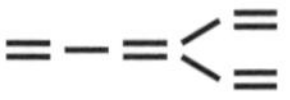	32	9.446	3
3	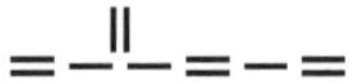	31	9.409	2.5
4		29	9.332	2

図 **7.15**　$N=8$ の共役ポリエン．L については後述する

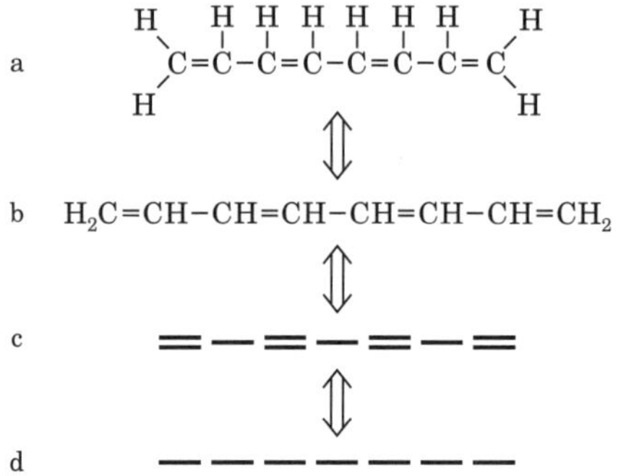

図 **7.16**　共役ポリエンのいろいろな図式的表現法

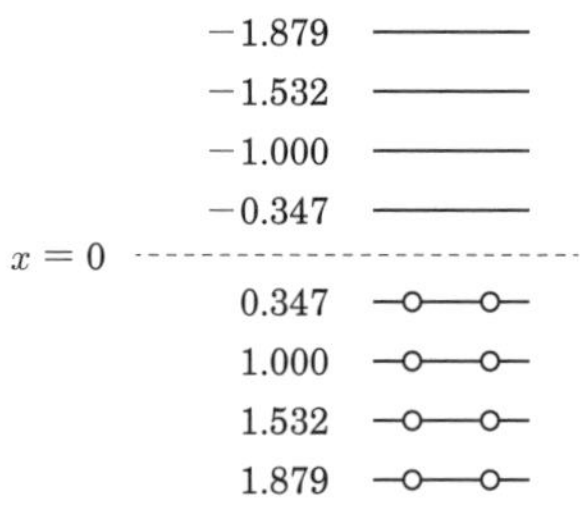

図 **7.17**　$N=8$ の共役ポリエン **1** の π 電子構造

れる．この値が表 7.3 の S に一致しているのである．すなわち，共役ポリエン群に関しては，固有価の絶対値の総和の S は (7.17) の E_π に等しくなるのである．

$N=4$ のブタジエンは 1 種類しか存在しないが，$N=6$ のヘキサトリエンには図 7.18 のような 2 種類の異性体が存在して，枝分かれのある方が安定度が下がる．

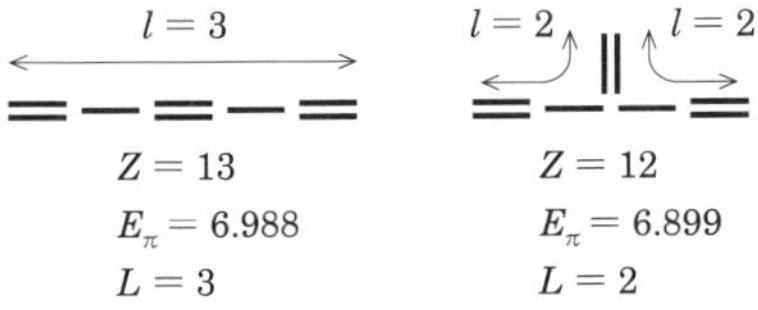

図 **7.18**　ヘキサトリエンの 2 種類の異性体

そして $N=8$ では図 7.15 のような 4 種類の異性体が存在し，その安定度は表 7.3 の S $(=E\pi)$ の値に従っている．つまり一般に，共役ポリエンの安定度は枝分かれの度合いに応じて減少するが，それを Z 値が示唆してくれているのである．

ところが，最近「平均共役鎖長」L という新しい指標を使うとうまく説明できることがわかった．そのヒントは $N=6$ のヘキサトリエンの二つの異性体の安定度の差に隠されている．まず，共役ポリエンの安定性は二重結合 (=) と単結合 (−) が交互に連なる (共役 (conjugate)) ことから生じることが分っている．直鎖のヘキサトリエンは二重結合が 3 個共役しているのに対して，枝分かれのある方は，二重，単，二重という共役鎖長 l が 2 のものが 2 本なので，平均共役鎖長 L が 2 となって安定度が下がるという仮説が立てられる．

そこで，$N=8$ のオクタテトラエンの異性体について L を求めると図 7.19

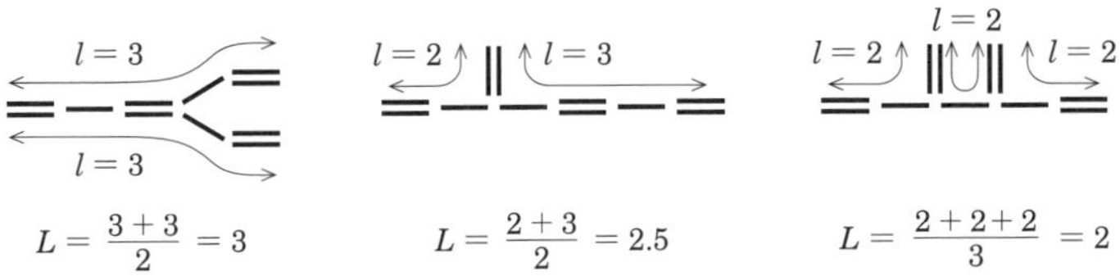

図 **7.19**　オクタテトラエンの異性体の L

NO.	グラフ	$p(\mathrm{G}, k)$ $k=0$	1	2	3	4	5	Z	E_π	L
1		1	9	28	35	15	1	89	12.053	5
2	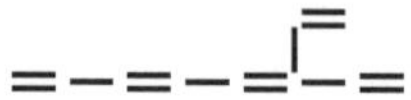	1	9	27	32	14	1	84	11.985	4
3	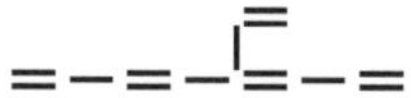	1	9	27	32	13	1	83	11.967	3.5
4	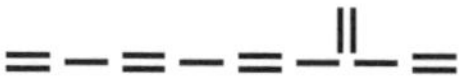	1	9	27	31	12	1	81	11.938	3
5	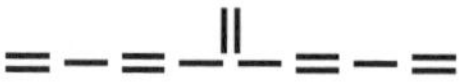	1	9	27	31	11	1	80	11.918	3
6		1	9	26	30	13	1	80	11.925	3
7		1	9	26	29	11	1	77	11.875	2.67
8		1	9	26	28	11	1	76	11.864	2.67
9	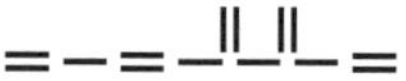	1	9	26	28	10	1	75	11.843	2.33
10	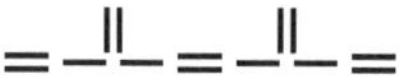	1	9	26	27	10	1	74	11.831	2.33
11	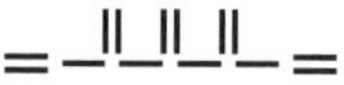	1	9	25	25	9	1	70	11.764	2

表 7.4　デカペンタエンの異性体

のような結果が得られる．結局グループ 4 の 1 から 4 までの異性体の L の値は，この順に $4 > 3 > 2.5 > 2$ となり，E_π とも Z とも平行関係が得られるのである．

さらに次の $N = 10$ のデカペンタエンには表 7.4 に示すような 11 種類の異性体が存在する．

それらの安定度 E_π と Z と L の値もそこに示してある．また，次数が 3 の点 (化学では第 3 級炭素原子と言う) の数 T も示した．大雑把に言えば，T の値でほぼ逆の順に大まかに分類され，それぞれの組の中では L の値の大小に従っていることが分る．

8 共役ポリエンの家系図 [9-11]

次に，$N = 6,8,10$ のすべての共役ポリエンの異性体の E_π と Z の相関関係を図 7.20 のようにプロットすることができる．

ここでは意図的に，N の違いによる横軸の Z の大きな変化は切り詰めてあるが，横軸の尺度の目盛りは共通に刻んである．それぞれの N の中での E_π と Z の間の直線関係は既に紹介した通りであるが，よく見て欲しいのは，二つ違いの N のグループ間を結ぶ 4 種類のの線分間の平行関係である．

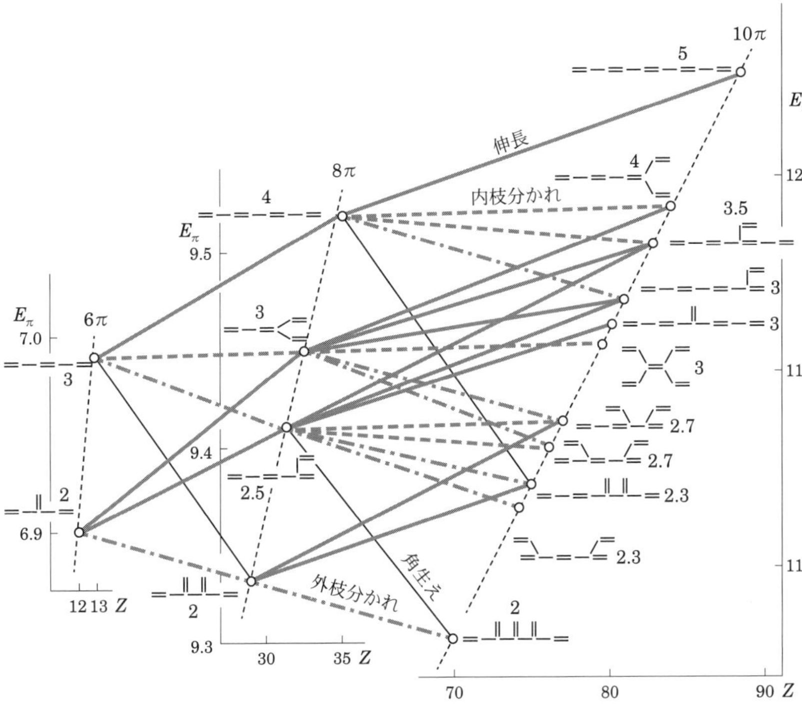

図 **7.20**　$N = 6,8,10$ の共役ポリエンの家系図

まず，$N=6$ の直鎖のヘキサトリエンから出ている 4 本の線分は $N=8$ の四つの異性体 (図 7.15 の 1〜4) に向かっている．1 から 3 までは，図 7.21 のように，ヘキサトリエンに =− という長さ 2 の鎖 (化学ではビニル基と呼ぶ) を，それぞれ,「伸長 (elongation)」,「内枝分かれ (inner branching)」,「外枝分かれ (outer branching)」させて生じたと考えることができる．それに対して，ヘキサトリエンの中央の二重結合を単結合に替えてから，その両端に二重結合を 2 本生やす「角生え (horn growing)」を行うことによって 4 が生じたと考えることができる．この 4 種のモードによってすべての共役ポリエンの成長が記述できることになる．

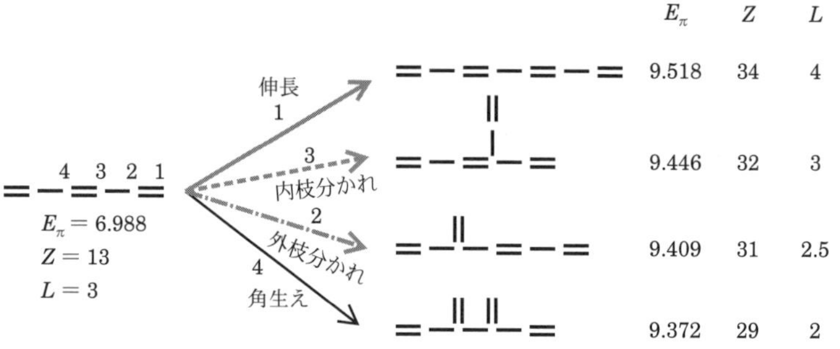

図 7.21　直鎖ヘキサトリエンからの 4 種の成長モード

図 7.20 はこれら 4 種の成長過程を，それぞれ，四種の線分で区別して描いてある．図 7.15 の異性体の 3 は，この図の $N=8$ グループの下から 2 番目の点として示されている．そこから $N=10$ グループの 8 個の点に成長しているのだが，その内訳は 3 本の伸長，2 本ずつの内枝と外枝分かれ，および 1 本の角生えとなっている．図 7.22 にこれらの成長過程をまとめて示した．

$N=8$ のほかの異性体からの成長過程も合わせて図 7.20 を見ると，

伸長 (elongation)	⟶	安定化
内枝分かれ (inner branching)	⟶	変化小
外枝分かれ (outer branching)	⟶	若干不安定化
角生え (horn growing)	⟶	不安定化

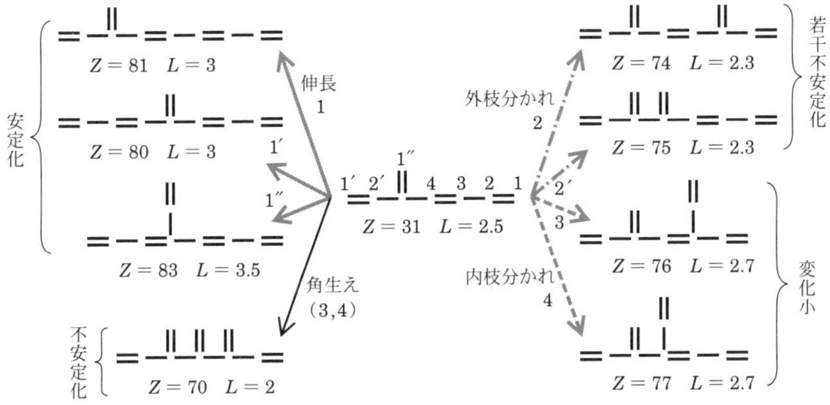

図 **7.22**　オクタテトラエン **3** からの 4 種の成長モード

という，共役ポリエンがどのように成長するとその安定度はどう変わるのかという一般的な通則が導かれるであろう．

数学的には，共役ポリエンは木グラフの中でマイナーな存在ではあるが，化学の世界では，動物の目の視覚細胞，植物の濃い赤や緑の色のもとになる分子の骨格を占める重要な物質群なのである．したがって図 7.20 は，共役ポリエンの構造安定性を如実に表す家系図 (genealogy) と呼んでもよいであろう．$N = 8$ から $N = 10$ への成長過程もこの家系図を描き広げることによって一望できるのだが，$N = 10$ のポリエンの異性体は 30 種以上もあり，煩わしくなるのでここには示さない．なお，T や L やほかの指標を使って共役ポリエンの家系図を作ろうとしても，Z 以上に定量的で説得力のある結果は得られないであろう．

また N が偶数の非木グラフの中にも完全マッチングのパターンを描けるものがたくさんある．化学の世界では，ベンゼンのような「芳香族炭化水素」や，フルベンのような「不飽和共役炭化水素」という興味ある化合物群があり，Z インデックスの活躍舞台が広がるのだが，議論が発散してしまうのであえてここでは省略することにしよう [12,13]．しかしいずれにしても，グラフの種類に限らず，家系図的な議論には Z インデックスが大きな役割を果たすことに変わりはない．

9　珊瑚グラフの連分数表現

本書を通じて，毛虫グラフの連分数表現と Z インデックスの間の密接な関係がいろいろな問題の解決に大きな役割を果たしていることが分ったであろう．一方 N の増加とともに木グラフの中の珊瑚グラフの比率はどんどん増しているので，そこでの Z インデックスの役割が減っていくという危惧が生じてくる．このジレンマを解決するために，任意の木グラフにも通用する「擬連分数表現」という仮説を考えた．その数学的な証明は著者の手に負えない難しさがあるのだが，少なくともこの仮説に反する例は未だに一つも見つかっていないので，その正当性を納得していただきたい．

まず任意の木グラフ T について，ある経路グラフ L を選び，それを水平に描く．その点の数は n $(n > 0)$ とし，L の点の番号 s は左端から右端に向かって 1 から n まで打つ．どんな T であっても L 上の各点から上下に枝を伸ばすことによって表すことができる．例えば， 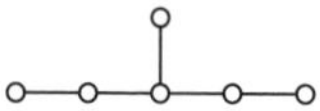 というグラフ T については，すべてではないが，図 7.23 のように実に多様な描き方が許される．この中で T_1～T_3 は毛虫グラフになっているが，それ以外は長さが 1 以上の枝を持つので，見かけ上は珊瑚グラフのようになっている．また T_8～T_{10} の経路 L の長さを示す n は 1 というのは一見おかしな表現だが，Z 値が 12 の同一の木グラフであることには変わりはない．

毛虫グラフの T_1～T_3 については，それらのすぐ下にある $(a_1, a_2, \cdots, a_n)$ という，既に第 2 章で説明したコードで誤りなく識別することができる．つまり a_s は点 s から生えている星グラフの枝の数に 1 を加えた値になっている．見かけ上 s の上下に何も出ていない場合は $a_\mathrm{s} = 1$ である．そしてそのコードをそのまま $[a_1; a_2, \cdots, a_n]$ と書き写すことによって，そのグラフの連分数表現が得られるわけである．すなわち，既に第 2 章で説明した次のような関係が成り立っている．

$$[a_1; a_2, \cdots, a_n] = \frac{Q}{P}, \quad Q = Z(a_1, a_2, \cdots, a_n), \quad P = Z(a_2, \cdots, a_n) \tag{7.18}$$

T_1 について確認すれば，このグラフの Z 値が Q で，T_1 の左端の黒丸で描かれた点とそれに隣接する辺を除いたグラフの Z 値が P になっている．こうし

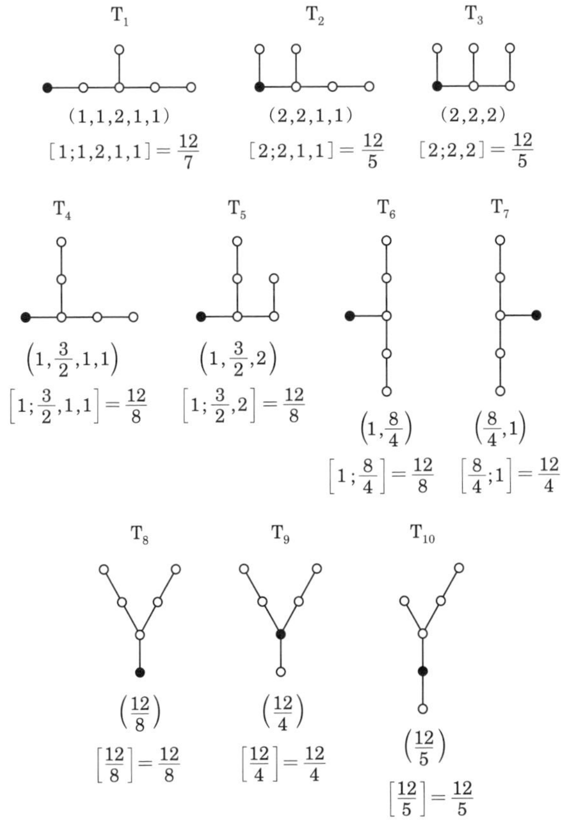

図 7.23　同じグラフ T でも描き方の違いでいろいろな連分数が得られる

て得られた結果が図 7.23 の T_1 の最下行に書かれている．T_2 と T_3 についても同様である．

このような確認をした上で，毛虫グラフ以外の表現に関して次のような仮説を立てよう．

[仮説 7.1]　点の数が n の経路グラフ L の各点 s から枝 B_s が上下に伸びたように描かれた木グラフ T を考える．その L 上の各点について $a_s = Z(B_s)/Z(B_s \ominus s)$ という数値を与えて得られる $(a_1, a_2, \cdots, a_n)$ を T のコードと決める．ただし $B_s \ominus s$ は 枝 B_s から点 s とそれに隣接するすべての辺を除いた部分グラフである．

図 7.23 のすべての T_k のすぐ下にそれらのコードを記してある．B_s が星グラフの場合は，その枝が何本生えていても $B_s \ominus s$ は孤立した点の集合になるのでその Z 値は 1，一方 $Z(B_s)$ はその星の枝の数に 1 を加えた値になり，それがそのまま a_s の値になる．したがって T_1〜T_3 に与えられたコードは従来の毛虫グラフ表現そのものとなっている．この毛虫グラフの場合は，(7.18) に示したように $(a_1, a_2, \cdots, a_n)$ というコードをそのまま $[a_1; a_2, \cdots, a_n]$ という連分数の計算に連動できることが分ったであろう．

この [仮説 7.1] によって，珊瑚グラフ的に描かれた T_4〜T_{10} についても有理数の a_k をもつ「擬連分数表現」が成り立つのである．ただし連分数を計算するときに次に説明する local rule を使う必要があるということを知って欲しい．

T_4 について説明する．この L の左から 2 番目の点 2 から生えている枝 B_2 は 2 本の辺をつないだ経路グラフ S_3 なのでその Z 値は 3 で，B_2 から点 2 とそれに隣接するすべての辺を除いたグラフ $B_2 \ominus 2$ は 1 本の辺となり，その Z 値は 2 だから $a_2 = \dfrac{3}{2}$ という分数になる．結局この T_4 の表現コードは $\left(1,\ \dfrac{3}{2},\ 1,\ 1\right)$ となり，擬連分数 $\left[1; \dfrac{3}{2}, 1, 1\right]$ を計算することになる．そこで $1+\cfrac{1}{\frac{3}{2}+}\,\cfrac{1}{1+}\,\cfrac{1}{1}$ を展開して行くのだが，そのとき $\dfrac{3}{2}+\dfrac{1}{1+}\dfrac{1}{1}$ を約分して $\dfrac{4}{2} = 2$ としないで，$\dfrac{b}{a}+\dfrac{d}{c}=\dfrac{bc+ad}{ac}$ そのままに $\dfrac{3}{2}+\dfrac{1}{2}=\dfrac{8}{4}$ として計算を実行しなければならない．その結果この連分数の値は $\dfrac{12}{8}$ という望みの値が得られるのである．分母の 8 は T_4 から黒丸とそれに隣接する辺を除いてできるグラフ S_5 の Z 値である．このことをあえて次のような仮説として主張する．

[仮説 7.2]　[仮説 7.1] で得られたコードを使って計算された擬連分数の値 $\dfrac{Q}{P} = [a_1; a_2, \cdots, a_n]$ の分子 Q はグラフ T の，分母 P はその部分グラフ $T \ominus 1$ の Z 値になっている．ただし，この計算の際に分数の約分は行わない．

この仮説の数学的根拠はあえて詮索しないで欲しい，と突っぱねるしかないところが苦しい．しかし，この二つの仮説によってすべて上手く行くのである．

その一つの例が T_7 である．その表現コードは [仮説 7.1] に従い $\left(\dfrac{8}{4},1\right)$ となる．次に L の左端の点 1 (黒丸) に隣接する 3 本の辺を除いたグラフ P の Z 値 は $2\times2\times1=4$ となり，[仮説 7.2] の主張通りである．残りのグラフ $\mathrm{T}_8 \sim \mathrm{T}_{10}$ すべてについてもこのようなことが成り立っている．図 7.23 に描かれたどのグラフの黒丸も点 1 を表し，$\mathrm{T}\ominus 1$ の Z 値が P になっている．

最後に，一番小さな珊瑚グラフについてこの擬連分数を計算してみよう．

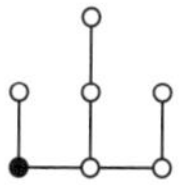

$$\left[2;\frac{3}{2},2\right] = 2+\cfrac{1}{\cfrac{3}{2}+\cfrac{1}{2}} = 2+\frac{4}{8} = \frac{20}{8} = \frac{Q}{P}$$

という結果が得られる．分子 Q の 20 はこのグラフ T の Z 値，分母 P の 8 はその部分グラフ $\mathrm{T}\ominus 1$ の Z 値である．どんな珊瑚グラフについても [仮説 7.1] と [仮説 7.2] が当てはまることが分っている．このようにすべての木グラフについても連分数との関わり合いができたので，木グラフについてのグラフ理論的な展開が期待される．それがどのような成果を生み出すかは今後の問題であるが，Z インデックスを使わずに木グラフについての系統的な議論を発展させることはできないであろう．

第 7 章の問題

（1）表 7.1 の $Z=41$ の一対のグラフは intrinsic dormant になっている．それぞれのどの辺を切るとこのことが分るかを示せ．

（2）図 7.3 の各等電木対の Z 値は G を長さ 1 の辺としたときのものである．そのことを確認せよ．

（3）図 7.4 の $Z=103$ の等電木対は intrinsic dormant になっている．そのことを示せ．このほかにも intrinsic dormant はあるか．

（4）図 7.6 のグラフの vertex weight をすべて確認せよ．

（5）G を長さ 1 の辺としたときの図 7.10 の二組の等電木対の Z 値を計算せよ．

（6）図 7.23 の各グラフの [ ] 表示で与えられた連分数を計算し，確認せよ．

第 7 章の参考文献

[1] D. M. Cvektkovic, M. Doob, H. Sachs, *Spectra of Graphs*, Johann Ambrosius Barth Verlag, (1995).

[2] D. Cvecktkovic, P. Rowlinson, S. Simic, *An Introduction to the Theory of Graphs*, London Math. Soc. Student Texts 75, Cambridge Univ. Press (2010).

[3] N. Trinajtic, *Chemical Graph Theory*, CRC Press (1992).

[4] K. Mizutani, K. Kawasaki, H. Hosoya, *Natl. Sci. Rept. Ochanomizu Univ.*, **22** (1971) 39.

[5] M. Randic, W. R. Mueller, J. Knop, N. Trinajstic, *J. Chem. Inf. Comput. Sci.*, **37** (1997) 1072.

[6] M. Randic, M. Novic, D. Plavsic, *Solved and Unsolved Problems of Structural Chemistry*, CRC Press (2016).

[7] H. Hosoya, *MATCH* (*Commun. Math. Comput. Chem*), **80** (2018) 393.

[8] H. Hosoya, *MATCH* (*Commun. Math. Comput. Chem*), **81** (2019) 485.

[9] H. Hosoya, *Molecules*, **22** (2017) 896.

[10] H. Hosoya, *Bull. Chem. Soc. Jpn.*, **92** (2019) 205.

[11] 細矢治夫,『現代化学』, **589** (2020).

[12] H. Hosoya, *Bull. Chem. Soc. Jpn.*, **76** (2003) 2233.

[13] H. Hosoya, *Curr. Org. Chem.*, **19** (2015) 293.

8章

トポロジカル・インデックスのさらなる展開

1　平方根の有理数近似の高速な方法

第4章で平方根の連分数展開について説明したが，これは数理的には面白いが実用的なものではない．また，第6章でピタゴラスの三角形にからんだ平方根の有理数近似について少し紹介したが，これも付随的な話題であった．そこで本章ではまず，この問題を正面からとらえることにする．

手計算においても，大小を問わずコンピュータの中においても，平方根 $\sqrt{D}$ を求めるために最も一般的に使われているのが，次のような漸化式で収束する数列を利用したものである．

$$r_{n+1}=\frac{1}{2}\left(r_n+\frac{D}{r_n}\right) \tag{8.1}$$

証明としては，数学的に厳密ではないが，n を大きくしたときに数列 r_n が α に収束すると仮定すると，(8.1) は

$$\alpha=(\alpha+D/\alpha)/2 \tag{8.2}$$

となり，それから直ちに

$$\alpha=\sqrt{D} \tag{8.3}$$

が得られる．

なおこの数列は，

$$r_{n+1}=\frac{1}{k}\left[(k-1)r_n+\frac{D}{r_n^{k-1}}\right] \tag{8.4}$$

という $\sqrt[k]{D}$ に収束する数列の中で，最も広く使われているものである．

数列 (8.1) の収束は非常に速く，初期値が少しくらい遠くても数回の繰り

返しで簡単に 8 ～ 10 桁の精度が得られる．初期値としては $\sqrt{D}$ に近い値が望ましいのだが，$D/2$ 程度の初期値で十分に実用的な結果が得られる．例えば $D=2$ を初期値 $r_0=1$ で近似した結果を表 8.1 に示した．下線を引いたところまで正しい結果が得られている．

$$\begin{aligned}
r_0 &= 1\\
r_1 &= \frac{1}{2}\left(1+\frac{2}{1}\right)=\frac{3}{2}=\underline{1}.5\\
r_2 &= \frac{1}{2}\left(\frac{3}{2}+\frac{4}{3}\right)=\frac{17}{12}=\underline{1.41}16\cdots\\
r_3 &= \frac{1}{2}\left(\frac{17}{12}+\frac{24}{17}\right)=\frac{577}{408}=\underline{1.41421}56\cdots\\
r_4 &= \frac{1}{2}\left(\frac{577}{408}+\frac{816}{577}\right)=\frac{665857}{470832}=\underline{1.414213562374}6\cdots
\end{aligned}$$

表 8.1　$\sqrt{2}=1.41421356237309\cdots$ を近似する数列 (8.1)

実用的には，このように (8.1) を使い，自分の望みの精度をもった有理数が得られればそれで目的は十分に果たせるわけなのだが，表 8.1 に出てくる r_n の分母と分子の整数はどのような意味合いをもった数字なのだろうか．例えば，これらの数字の Z グラフでもわかれば，考えるきっかけが得られるのに，表 8.1 のように収束が速すぎるとなかなか手のつけようがない．

2　収束の少し遅い数列

そこでもう少し収束速度の遅い数列がないかと考えてみた．そして何と著者自身がだいぶ昔に見つけたものを思い出したのである．それは次の漸化式に従う数列である [1]．

$$r_{n+1}=\frac{br_n+D}{r_n+b}. \tag{8.5}$$

この場合の証明も (8.5) の場合と同様に簡単である．すなわち，n を大きくしたときに数列 r_n が α に収束すると仮定すると，(8.5) は

$$\alpha=\frac{b\alpha+D}{\alpha+b} \tag{8.6}$$

となり，それから直ちに

$$\alpha = \sqrt{D} \tag{8.7}$$

が得られる．このとき，当然収束の速度は初期値 r_0 だけでなく定数 b の値にも依存する．両者ともに $\sqrt{D}$ か $D/2$ 程度のときが一番速く収束する．この数列は 30 年以上も前に著者が独自に考え出したもので，最初は『数学セミナー』への投稿論文だったが，後に「数学セミナー・リーディングス」の『確率・統計＋近似・誤差』にそのまま再録されている [2]．当時は化学科の助教授だった著者が大勢の著名な数学の先生方の中に名を連ねさせていただいて，大変誇らしいことだと思っていたが，今回この本を書くにあたって見直したところ，Z インデックスや SymCat との関係で重要な役割をもっていることがわかって，改めて感激している次第である．

さて，実際に (8.5) と (8.1) を比較すると面白いことがわかる．$D=7$ の場合を表 8.2 にまとめてみた．

n	r_n (8.5) $b=3$	r_n (8.1)
0	3	3
1	$\dfrac{8}{3} = \underline{2.6}66\cdots$	$\dfrac{8}{3} = \underline{2.6}66\cdots$
2	$\dfrac{45}{17} = \underline{2.64}70\cdots$	$\dfrac{127}{48} = \underline{2.645}83\cdots$
3	$\dfrac{127}{48} = \underline{2.645}83\cdots$	$\dfrac{32257}{12192} = \underline{2.64575131}23\cdots$
4	$\dfrac{717}{271} = \underline{2.64575}64\cdots$	$\dfrac{2081028097}{786554688} = \underline{2.645751311064590590}80\cdots$
5	$\dfrac{2024}{765} = \underline{2.645751}63\cdots$	
6	$\dfrac{11427}{4319} = \underline{2.6457513}31\cdots$	
7	$\dfrac{32257}{12192} = \underline{2.64575131}23\cdots$	

表 8.2 $\sqrt{7} = 2.6457513110645905905016\cdots$ を近似する数列 (8.1) と (8.5) の比較

このように，数列 (8.1) は (8.5) の上をある一定の法則で飛び越え，しかもその間隔が加速度的に広がっていくということがわかる．また両数列の精度は，分母と分子の桁数の合計にほぼ等しいこともわかる．

$D=7$ の場合，定数 b を整数の中から選ぶとすれば，$\sqrt{D}$ に一番近い 3 が最適であることが試行錯誤的にわかる．それに対して，初期値 r_0 の最適値はいくつであろうか．この問題に対しては，$r_0 = 3$ がベストであるということが以下の考察から納得されるであろう．

まず表 8.2 の (8.5) の列の，n が奇数のときの r_n の分母と分子を見てほしい．それらは

$$x^2 - 7y^2 = 1 \tag{8.7}$$

というペル方程式の解群にほかならない．7 の平方根の連分数展開は $\sqrt{7} = [2;\overline{1,1,1,4}]$ (表 4.1) である．そこで第 4 章の (P.8) と (P.9) から (8.7) の最小解

$$x_1 = Z(\mathrm{C}_4(2,1,1,1)) = 8, \qquad y_1 = Z(\mathrm{C}_3(1,1,1)) = 3$$

が容易に得られる．それ以外の解も図 4.11 で芋づる式に得られるが，今の場合はむしろ (P.4), (P.5) のように，連分数展開の周期を繰り返すように毛虫の長さを伸ばしていくほうが解釈しやすい．そうやって求めた x と y の小さい方の解をいくつか図 8.1 に示した．確かにこれらの x,y は表 8.2 の (8.5) の列に現れる数になっている．x と y が大きくなればなるほど，$r = x/y$ が $\sqrt{7}$ に無限に近づくことは (8.7) から明らかである．

さらに，これらの x と y はいずれも

$$f_n = 16f_{n-1} - f_{n-2} \qquad (f \text{ は } x, y \text{ のいずれか}) \tag{8.8}$$

という漸化式に従うだけでなく，その Z グラフもわかっている．このようにして，ペル方程式の解が既約ピタゴラスの三角形とも密接な関係にあることがだんだんわかってくるであろう．これらのことがすべて図 8.1 に盛り込まれている．ここではひとまず (8.7) の解からピタゴラスの三角形の系列が得られることを知ってほしい．次節の説明を理解してから，あらためてこの図を吟味することをすすめる．

ここで，表 8.2 に戻ると，その (8.5) の列に現れた有理数の分子と分母のうち，n が奇数のものはペル方程式 (8.7) の解 x と y である．しかも，それから $\sqrt{7}$ の有理数近似を与える既約ピタゴラスの三角形の一群を設計することができるのである．

ところで，表 8.2 の残りの n が偶数のほうの分母と分子はどういう数なの

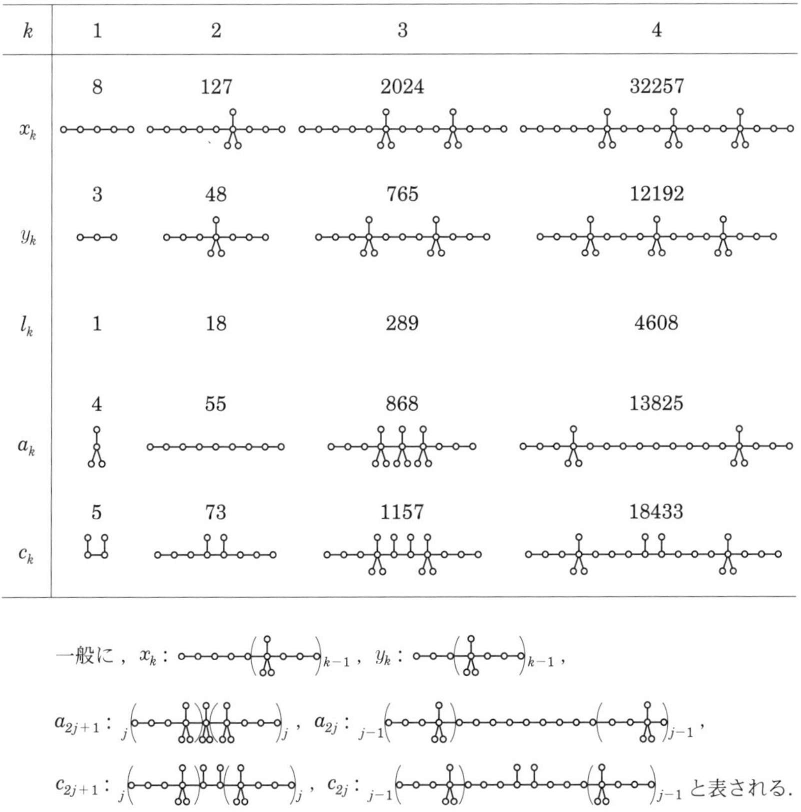

k	1	2	3	4
x_k	8	127	2024	32257
y_k	3	48	765	12192
l_k	1	18	289	4608
a_k	4	55	868	13825
c_k	5	73	1157	18433

図 8.1　$x^2-7y^2=1$ の解と，それから生じるピタゴラスの三角形の各辺の Z-グラフ．$x_k=7l_k+1=4c_k-3a_k$，$y_k=b_k$，$a_k=3l_k+1$，$c_k=4l_k+1$ である．ペル方程式 (8.7) を解いて (x,y) を求め，それから導かれた l を使って (a,c) が得られる．先の y が b だから，これでピタゴラスの三角形 (a,b,c) が得られる．これらの諸量の Z グラフの構造の類似性に注目．

だろうか．それらがすべて

$$x^2-7y^2=2 \tag{8.9}$$

の解になっていることを確かめてほしい．これらの x, y の解の Z グラフも容易に得られる．それも，読者の演習問題としておこう．

次に，$\sqrt{7}$ の有理数近似を与える既約ピタゴラスの三角形の系列がほかにもあることがわかったので，そのことを説明しよう．

3　平方根の有理数近似を与える既約ピタゴラスの三角形の設計

$\sqrt{7}$ の有理数近似を与える既約ピタゴラスの三角形を例にして説明する．α と β を整数の定数，l を未知の整数として，図 8.2 の上のような直角三角形を考える．

$$a = 3l+\alpha, \qquad c = 4l+\beta \tag{8.10}$$

そのとき，l に比べて α と β があまり大きくなければ，第 3 の辺 b は

$$b \to \sqrt{7}l \tag{8.11}$$

のようになるはずである．この三辺の関係は厳密に

$$c^2-a^2 = (4l+\beta)^2-(3l+\alpha)^2 = b^2 \tag{8.12}$$

であるから，これを整理すると，

$$7l^2+2(4\beta-3\alpha)l+(\beta^2-\alpha^2) = b^2 \tag{8.13}$$

両辺を 7 倍すると，

$$49l^2+14(4\beta-3\alpha)l+7(\beta^2-\alpha^2) = 7b^2 \tag{8.14}$$

これは次のようにまとめられる．

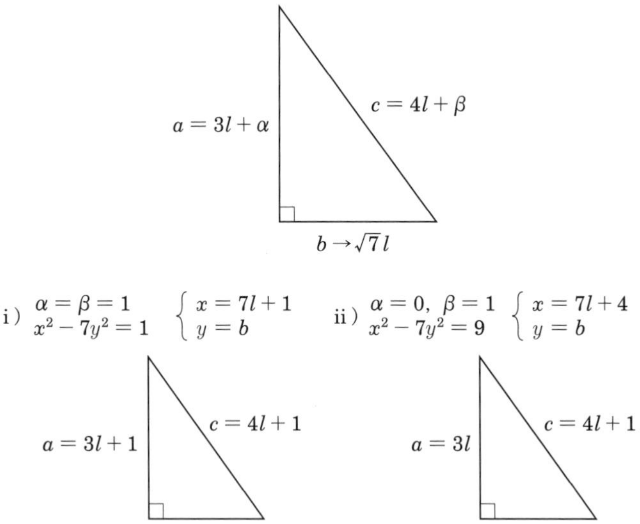

図 **8.2**　$\sqrt{7}$ の有理数近似を与えるピタゴラスの三角形

$$[7l+(4\beta-3\alpha)]^2-(3\beta-4\alpha)^2=7b^2 \tag{8.15}$$

ここで,

$$\begin{aligned} x &= 7l+(4\beta-3\alpha) \\ y &= b \end{aligned} \tag{8.16}$$

とおけば，(8.15) は

$$x^2-7y^2=(3\beta-4\alpha)^2 \tag{8.17}$$

というペル方程式に還元される.

$\sqrt{7}$ の近似を考えていたので，(8.17) の右辺はあまり大きくない平方数，1, 4, 9, $\cdots$ を選ぶことにする．そこで,

$$3\beta-4\alpha=\pm1,\pm2,\pm3$$

となる α と β の組合せを考え，(8.16) の l が整数になるような (8.17) の解 x, y について $(a,\ b,\ c)$ を求めてみる.

ここでは，図 8.2 の i) $\alpha=\beta=1$ と ii) $\alpha=0,\ \beta=1$ の二つの場合を考えよう．実は，i) の場合の結果がすでに図 8.1 に示されているのである．残りの ii) の場合の解の小さいものを表 8.3 に示した.

こうしてできた三角形を調べると，漸化式は同じでも二組の系列 (II と III) からなることがわかった.

このようにして得られた既約ピタゴラスの三角形の三辺を組み合わせる場

$x=7l+4$	y	l	$a=3l$	$b=y$	$c=4l+1$	$(4c-3a)/b$
4	1	0	0	1	1	4
11	4	1	3	4	5	$11/4=\underline{2}.75$
24	9	$*$	(対応するピタゴラスの三角形がない)			
53	20	7	21	20	29	$53/20=\underline{2.6}5$
172	65	24	72	65	97	$172/65=\underline{2.64}615$
381	144	$*$	(対応するピタゴラスの三角形がない)			
844	319	120	360	319	481	$844/319=\underline{2.6457}68$
2741	1036	391	1173	1036	1565	$2741/1036=\underline{2.64575}28$

表 8.3　$x^2-7y^2=9$ の解から得られる $\sqrt{7}$ の有理数近似を与える既約ピタゴラスの三角形

I				II				III			
a	b	c	d	a	b	c	d	a	b	c	d
4	3	5	2	21	20	29	2	3	4	5	2
55	48	73	3	360	319	481	5	72	65	97	3
868	765	1157	7	5763	5084	7685	8	1173	1036	1565	6
13825	12192	18433	9	91872	81025	122497	10	18720	16511	24961	8

表 8.4　$\sqrt{7}$ の有理数近似を与える 3 系列の既約ピタゴラスの三角形とその精度 (d は $(4c-3a)/b$ と $\sqrt{7}$ が一致している桁数)

合に，$(a+c)/b$ と $(4c-3a)/b$ の 2 通りの選び方が考えられるが，結果的には後者の方が精度良く $\sqrt{7}$ の近似値を与えるようである．

こうして $\sqrt{7}$ の有理数近似を与える既約ピタゴラスの三角形が少なくとも 3 系列あることがわかった．それらを改めて表 8.4 にまとめてみた．

これを見ると，第 6 章で紹介した既約ピタゴラスの三角形とは違って，2 本の「足」の偶奇性が交互に代わるようになっているが，そのことは今は気にしないでほしい．$\sqrt{7}$ の有理数近似を与える既約ピタゴラスの三角形を求めるために必然的に出てきた結果なのである．だから系列 I の最小メンバーは (3, 4, 5) でなく (4, 3, 5) になっているのである．注目すべきことは，この 3 系列のどれでも，b 辺は

$$b_n = 16b_{n-1} - b_{n-2} \tag{8.18}$$

a 辺と c 辺は

$$f_n = 17f_{n-1} - 17f_{n-2} + f_{n-3} \qquad (f \text{ は } a, c \text{ のいずれか}) \tag{8.19}$$

という共通の漸化式に従っているということ，さらに，

$$\mathbf{M} = \begin{pmatrix} -8 & 9 & 12 \\ -9 & 8 & 12 \\ -12 & 12 & 17 \end{pmatrix} \tag{8.20}$$

という行列によって，表 8.4 のどの既約ピタゴラスの三角形も，$(a\ b\ c)^{\mathrm{T}}$ という縦ベクトルで表すと

$$\mathbf{M}(4\ 3\ 5)^{\mathrm{T}} = (55\ 48\ 73)^{\mathrm{T}},$$
$$\mathbf{M}(55\ 48\ 73)^{\mathrm{T}} = (868\ 765\ 1157)^{\mathrm{T}}, \quad \cdots$$

$$\mathbf{M}(21\ 20\ 29)^{\mathrm{T}} = (360\ 319\ 481)^{\mathrm{T}},$$
$$\mathbf{M}(360\ 319\ 481)^{\mathrm{T}} = (5763\ 5084\ 7685)^{\mathrm{T}}, \quad \cdots$$
$$\mathbf{M}(3\ 4\ 5)^{\mathrm{T}} = (72\ 65\ 97)^{\mathrm{T}},$$
$$\mathbf{M}(72\ 65\ 97)^{\mathrm{T}} = (1173\ 1036\ 1565)^{\mathrm{T}}, \quad \cdots \tag{8.21}$$

のようにそれぞれの系列の次のメンバーに変換されるということである．

なお，行列 $\mathbf{M}$ の特性多項式を計算すると，

$$\det(\mathbf{M}-x\mathbf{E}) = x^3-17x^2+17x-1 \tag{8.22}$$

のように求まる．これは，図 8.1 に示したペル方程式 (8.8) の解群の間に成り立つ漸化式にほかならない．ちなみに，

$$x^3-17x^2+17x-1 = (x-1)(x^2-16x+1) \tag{8.23}$$

という関係も成立している．

また表 8.4 には $(4a-3c)/b$ が $\sqrt{7}$ と一致している数値の桁数しか書いてないが，同じ程度の大きさの分母と分子からなる近似値の精度は，系列 I が最もよいことがわかるであろう．すなわち，$\sqrt{7}$ の有理数近似の最も精度の良いものは系列 I の既約ピタゴラスの三角形の中から選ばれているのである．

同様にして，任意の素数の平方根の有理数近似を与える既約ピタゴラスの三角形の系列を設計することができる．図 8.3 には，$\sqrt{3}$ の有理数近似を与える既約ピタゴラスの三角形の二つの系列を示してある．ここでは，最初の系列の方が二番目の系列より圧倒的に精度良く $\sqrt{3}$ の有理数近似を与える．その様子は表 8.5 に示す通りである．

すなわち，図 8.3 に示した最初の既約ピタゴラスの三角形の系列は，(8.1) を使った $\sqrt{3}$ の有理数近似の数列のいわば図形的な表現になっているのである．一方，図 8.3 の 2 番目の系列の既約ピタゴラスの三角形は，第 1 の系列より平方根の有理数近似という点では若干劣るが，

$$\mathbf{N} = \begin{pmatrix} 7 & -4 & 8 \\ 4 & -1 & 4 \\ 8 & -4 & 9 \end{pmatrix} \tag{8.24}$$

という行列によって第 1 の系列と同様に，

$(b+c-1)/a$ (図 8.3 の第 1 系列)	式 (8.1) $(D=3)$
$\frac{7}{4}=\underline{1.7}5$	$x_0=2$
$\frac{97}{56}=\underline{1.732}14$	$x_1=\frac{1}{2}\left(2+\frac{3}{2}\right)=\frac{7}{4}$
$\frac{1351}{780}=\underline{1.73205}12$	$x_2=\frac{1}{2}\left(\frac{7}{4}+\frac{12}{7}\right)=\frac{97}{56}$
$\frac{18817}{10864}=\underline{1.73205081}00$	$x_3=\frac{1}{2}\left(\frac{97}{56}+\frac{168}{97}\right)=\frac{18817}{10864}$

表 8.5　$\sqrt{3}$ に収束する有理数近似を与える数列と既約ピタゴラスの三角形の系列の対応関係

$$
\begin{aligned}
&\mathbf{N}(4\ 3\ 5)^{\mathrm{T}}=(56\ 33\ 65)^{\mathrm{T}},\\
&\qquad\qquad\mathbf{N}(56\ 33\ 65)^{\mathrm{T}}=(780\ 451\ 901)^{\mathrm{T}},\\
&\mathbf{N}(15\ 8\ 17)^{\mathrm{T}}=(209\ 120\ 241)^{\mathrm{T}},\\
&\qquad\qquad\mathbf{N}(209\ 120\ 241)^{\mathrm{T}}=(2911\ 1680\ 3361)^{\mathrm{T}}
\end{aligned}
$$

のように変換されることは注目すべきであろう．

さらに，この行列の固有多項式は

$$\det(\mathbf{N}-x\mathbf{E})=x^3-15x^2+15x-1 \tag{8.25}$$

となる．これは，下に示す辺 b と c の二つ目の漸化式を与える特性多項式にほかならない．n,k は図 8.3 の上の表の記号に対応している．

$$
\left.\begin{aligned}
f_n&=3f_{n-1}+3f_{n-2}-f_{n-3}\\
f_k&=15f_{k-1}-15f_{k-2}+f_{k-3}
\end{aligned}\right.\qquad (f \text{ は } b,c \text{ のいずれか}) \tag{8.26}
$$

さらに，a の漸化式

$$
\begin{aligned}
a_n&=4a_{n-1}-a_{n-2},\\
a_k&=14a_{k-1}-a_{k-2}
\end{aligned} \tag{8.27}
$$

も，

$$
\begin{aligned}
&x^3-15x^2+15x-1=(x-1)(x^2-14x+1),\\
&x^4-14x^2+1=(x^2-4x+1)(x^2+4x+1),\\
&(x-1)(x^2-4x+1)=x^3-3x^2-3x+1
\end{aligned} \tag{8.28}
$$

というように互いに深く関わり合っているのである．

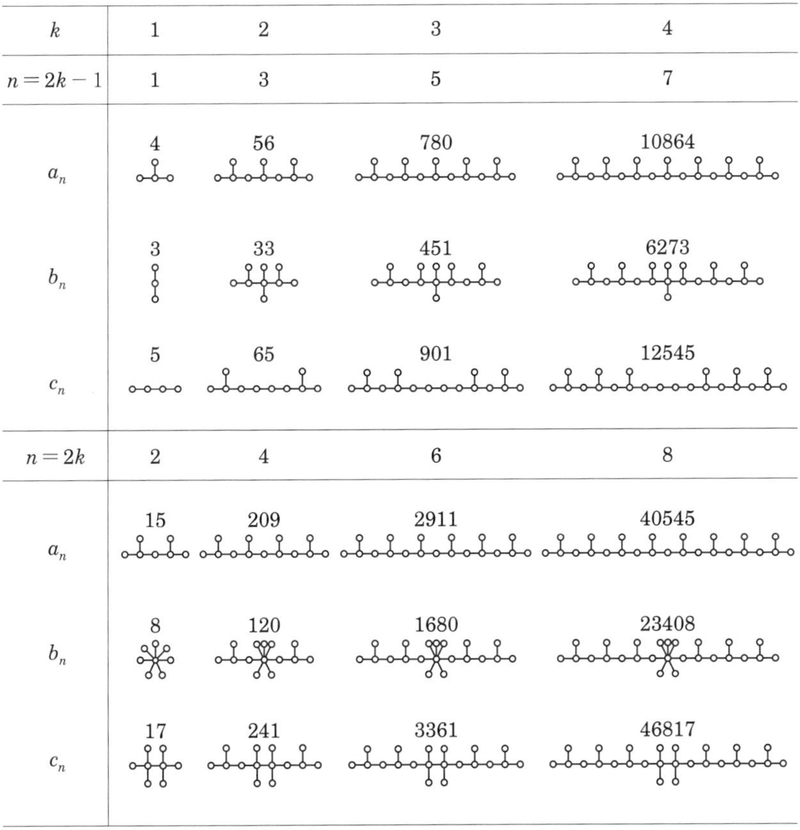

一般に，  を下のようにとると 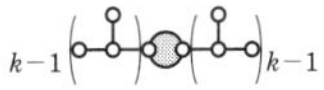 と表される．

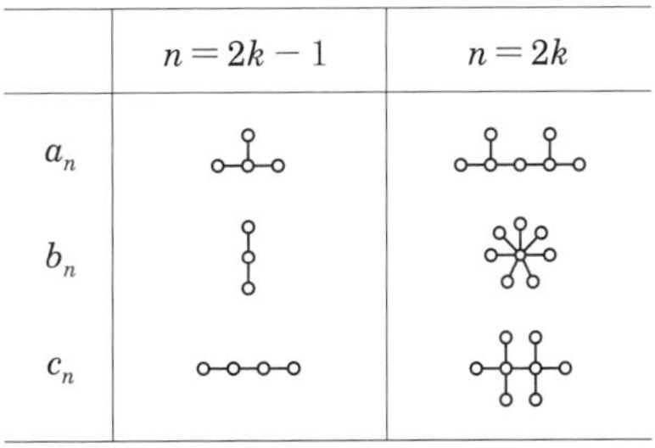

図 8.3　$\sqrt{3}$ に収束する有理数近似を与える二つの既約ピタゴラスの三角形の系列

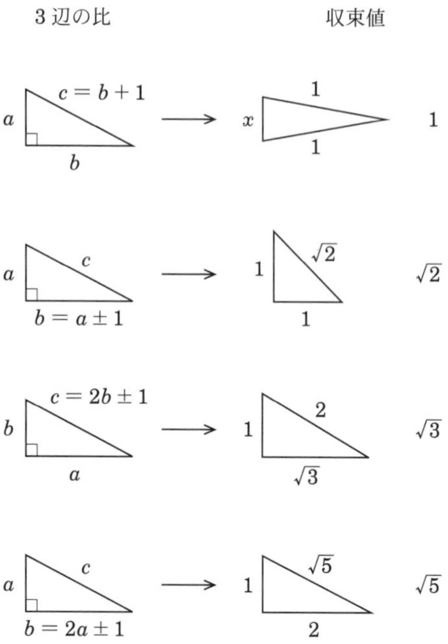

図 8.4　いろいろな平方根の有理数近似の既約ピタゴラスの三角形を与える設計図

このようにして，ほかの素数の平方根の有理数近似を与える系列も容易に設計されるだけでなく，面白い数学的な関係が山のように導き出されるのである．図 8.4 には，そのいくつかの例を示してある．読者もそれぞれ試みられてはいかがだろうか．筆者は，この分野にまだ多くの未開拓の金鉱が眠っていると信じている．

4　ヘロンの三角形

ピタゴラスの三角形の面積は必ず整数になるが，この逆は必ずしも真ではない．どういう三角形の面積が整数になるのであろうか．

三角形の三辺 (a,b,c) が与えられたときに，その面積 S は

$$\sqrt{s(s-a)(s-b)(s-c)} \tag{8.29}$$

というヘロンの公式で与えられる．ただし，s は半周長

$$s=(a+b+c)/2 \tag{8.30}$$

である．

これを発見したギリシャの数学者ヘロンについてはあまり詳しいことはわかっていない．そもそも，その活躍した年代が西暦 (0 ± 100) 年というのだから深く詮索することもできない．しかし，この定理の有用さは十分大きいので，高校の数学で必ず学習することになっている．したがって，その証明もここでは省略しよう．

この定理が有名であるわりには，

「三辺と面積が整数の三角形をヘロンの三角形 (Heronian triangle) と呼ぶ」

ということは，あまりよく知られていない．ピタゴラスの三角形の面積は，公式 (7.29) に頼るまでもなく整数になっている．ただし，通常は

「 (3, 4, 5) 以外のピタゴラスの三角形はヘロンの三角形には含めない．」

それは，そうしないといろいろな定理が二重構造になって不便だからである．ただし，(3, 4, 5) に限っては，ピタゴラスの三角形の場合と同じように元祖的な役割を果たしているから，除き難いのである．

なお，ピタゴラスの三角形と同じように，

「三辺が互いに素であるヘロンの三角形は既約 (primitive) であるという．」

ヘロンの三角形は，その知名度に相応して，ピタゴラスの三角形ほど詳しくは調べられていないようである．

表 8.6 に三辺の比較的小さい既約ヘロンの三角形の例を示そう．二等辺のものが多いのは，同じ大きさのピタゴラスの三角形を 2 個接合するだけで 2 種類の二等辺ヘロンの三角形ができるためである (図 8.5)．さらに，2 種類の既約ピタゴラスの三角形を組み合わせることによって，図 8.6 のように合計 8 種類の既約ヘロンの三角形がつくられる．そこに示したのは，(3, 4, 5) と (5, 12, 13) という二つの小さな既約ピタゴラスの三角形を組み合わせてできるヘロンの三角形である．

a	b	c	S
3	4	5	6
5	5	6	12
5	5	8	12
10	13	13	60
4	13	15	24
13	14	15	84
9	10	17	36
16	17	17	120
11	13	20	66
7	15	20	42
10	17	21	84
13	20	21	126
13	13	24	60
12	17	25	90
14	25	25	168
3	25	26	36
17	25	26	204
17	25	28	210
6	25	29	60
17	17	30	120
11	25	30	132
5	29	30	72
8	29	35	84
15	34	35	252
25	29	36	360
19	20	37	114
15	26	37	156
13	30	37	180
24	37	37	420
16	25	39	120
17	28	39	210

a	b	c	S
25	34	39	420
10	35	39	168
29	29	40	420
13	37	40	240
25	39	40	468
15	28	41	126
17	40	41	336
18	41	41	360
29	29	42	420
15	37	44	264
17	39	44	330
13	40	45	252
25	25	48	168
29	35	48	504
21	41	50	420
39	41	50	780
26	35	51	420
20	37	51	306
25	38	51	456
13	40	51	156
27	29	52	270
25	33	52	330
37	39	52	720
15	41	52	234
5	51	52	126
25	51	52	128
24	35	53	336
28	45	53	630
4	51	53	90
51	52	53	1170
26	51	55	660

表 8.6　辺長が 55 以下のヘロンの三角形

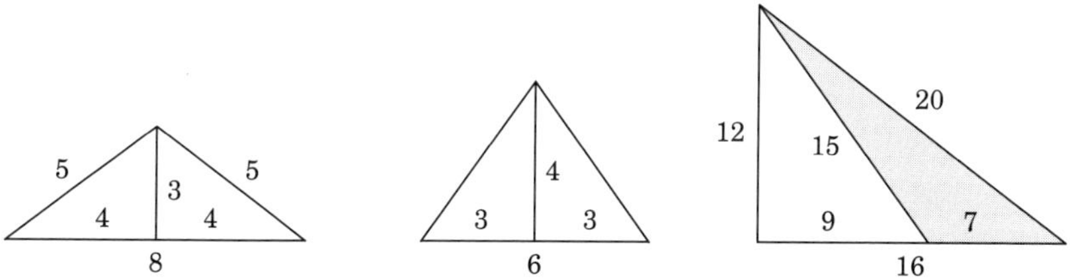

図 **8.5**　ピタゴラスの三角形 (3, 4, 5) を組み合わせてできる 3 種類のヘロンの三角形 (右端のものはグレーの部分がヘロンの三角形)

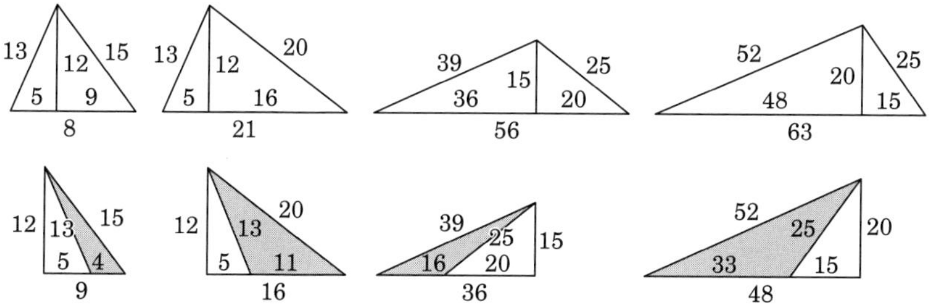

図 **8.6**　ピタゴラスの三角形 (3, 4, 5) と (5, 12, 13) を組み合わせてできる 8 種類のヘロンの三角形 (下段のものはグレーの部分がヘロンの三角形)

5　連続数ヘロンの三角形

ここまでの説明では，本書の主題である Z インデックスがヘロンの三角形の世界に入り込んでくる余地はなさそうに見える．表 8.6 をじっくり眺めても，二等辺三角形がやたらに多くて，それらがどのようにくくられるかも見え難い．実は，その分類をしつこくすると Z インデックスがちらほらと見えてくるのであるが，ここでは一つだけ Z インデックスのご利益をお見せしよう．

表 8.6 にも図 8.6 にもあるが，(13, 14, 15) という既約ヘロンの三角形は三辺が等差数列，しかも公差が 1 という元祖 (3, 4, 5) に次ぐ興味深いものである．その次に大きい (51, 52, 53) というのが表 8.6 の最後の方にある．

では，その次のメンバーはどんな大きさのヘロンの三角形だろうか．シェルピンスキーの本[9] には，非常に長々しい議論によって表 8.7 のような結果が与えられている．

これらは $x^2 - 3y^2 = 4$ というペル方程式の解を使って得られるのだが，本

a	3	13	51	193	723	2701
$b=2l$	4	14	52	194	724	2702
c	5	15	53	195	725	2703
h	3	12	45	168	627	2340
S	6	84	1170	16296	226974	3161340

i）$x^2-7y^2=1$ $\begin{cases} x=7l+1 \\ y=b \end{cases}$　ii）$x^2-7y^2=9$ $\begin{cases} x=7l+4 \\ y=b \end{cases}$

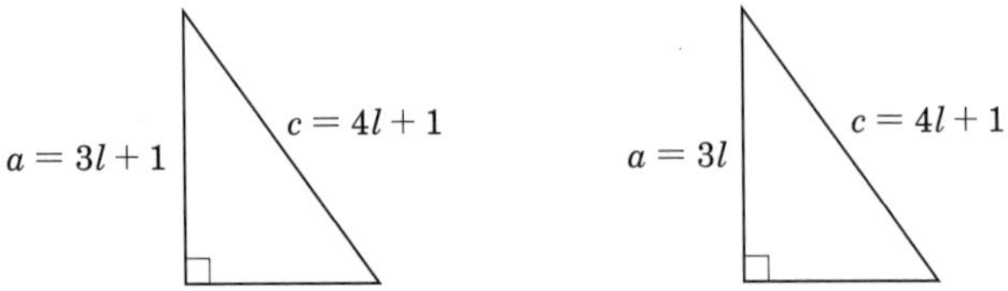

$$s=(a+b+c)/2$$
$$S=\sqrt{s(s-a)(s-b)(s-c)}$$

表 8.7　連続数ヘロンの三角形の各種の量

書にここまで食らいついてこられた読者ならば，比較的簡単にこれらの結果を自分で求めることができるはずである．また，それぞれの量についての漸化式も容易に見当がつくであろう．具体的には

$$f_n=4f_{n-1}-f_{n-2} \quad (f \text{ は } b,h,l \text{ のいずれか}), \tag{8.31}$$

$$f_n=5f_{n-1}-5f_{n-2}+f_{n-3} \quad (f \text{ は } a,c \text{ のいずれか}), \tag{8.32}$$

$$S_n=14S_{n-1}-S_{n-2}, \tag{8.33}$$

というものである．

ここでは，これらの量や関係の導出はあえて示さずに，表 8.7 の中のいくつかの量の Z グラフがどのようなものになるかを図 8.7 に与えるだけにする．

この図を見てよくわかるように，SymCat にはなっていないが，連続数ヘロンの三角形に関連する諸量の Z グラフのほとんどが，一定かつ共通する規則で成長するグラフの系列を作っていることがわかる．面積 S 以外の諸量は，n が一つ増えるたびに，L の字を単位として成長していく．表 8.7 の結果は古くから知られていたが，それらの Z グラフが図 8.7 のように近縁関係になっていることに注目してほしい．

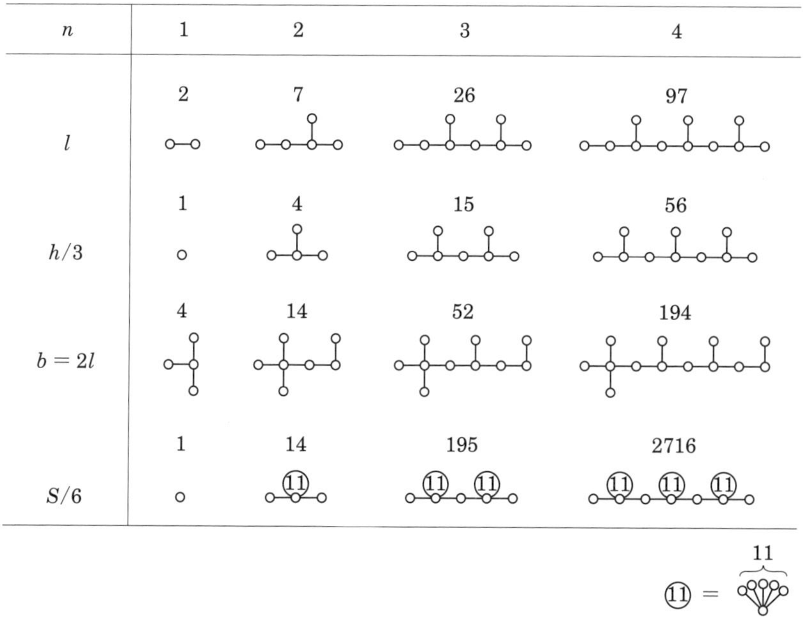

図 **8.7**　連続数ヘロンの三角形の諸量の Z グラフ

なお，これらの三角形の面積 S の漸化式は，多項式に表現すると $x^2-14x+1$ であるが，その成分の h と l の漸化式の多項式表現 x^2-4x+1 を使って，

$$(x^2-4x+1)(x^2+4x+1)=x^4-14x^2+1 \tag{8.34}$$

という恒等式が得られる．これは何を意味するのであろうか．興味深い関係である．

著者も，ヘロンの三角形に関してはピタゴラスの三角形ほどはきちんと解析を進めていない状況なので [10,11]，本書ではこの程度の紹介で勘弁してほしい．読者諸氏の挑戦に期待するところ大である．

第 8 章の問題

（1）図 8.3 の $n=2k$ の系列のピタゴラスの三角形について，$(b+c+1)/a$ の値を計算して，それが $\sqrt{3}$ のよい近似になっていることを確かめよ．

（2） 図 8.3 にある Z グラフで，n の小さいものについて，Z インデックスの値を自分で計算できるか確かめてみよ．

（3） (3,4,5) と (15,8,17) の二つのピタゴラスの三角形を組み合わせて 8 種の既約のヘロンの三角形をつくれ．その中で面積最大のものと最小のものはどれか．

（4） 三辺が $(\sqrt{5}, \sqrt{8}, 3)$ という三角形はヘロンの三角形の仲間ではないが，その面積は整数である．このことを確かめると同時に，これをヒントに，整数長の辺をもたなくても面積が整数になる三角形をいくつか探し出せ．

第 8 章の参考文献

[1] 細矢治夫，『数学セミナー』，**17** (10) (1978), 57.

[2] 細矢治夫，『確率・統計＋近似・誤差』(数学セミナーリーディングス), p. 161, 日本評論社 (1979).

[3] 大矢真一，『ピタゴラスの定理』東海大学出版会 (2001).

[4] E. マオール 著・伊里由美 訳，『ピタゴラスの定理』岩波書店 (2008).

[5] J. H. コンウェイ，R. K. ガイ 著・根上生也訳，『数の本』シュプリンガー・フェアラーク東京 (2001) ／丸善出版 (2012).

[6] `http://en.wikipedia.org/wiki/Pythagorean_triple`

[7] `https://mathworld.wolfram.com/PythagoreanTriple.html`

[8] H. Hosoya, *Natl. Sci. Rept. Ochanomizu Univ.*, **59** (2) (2009) 1.

[9] シェルピンスキー著・銀林浩 訳，『ピタゴラスの三角形』東京書籍 (1993).

[10] H. Hosoya, *Croat. Chem. Acta.*, **80** (2) (2007) 239.

[11] H. Hosoya, *Natl. Sci. Rept. Ochanomizu Univ.*, **60** (2) (2010) 7.

あとがき

この本のあとがきを書ける段階になって感無量の思いがする．そもそも私のトポロジカル・インデックスの最初の発想は 1969 年にお茶の水女子大学の化学科の助教授になってから 1 年くらいの間に出てきたもので，1970 年の秋に電気通信大学で行われた分子構造総合討論会で最初の口頭発表を行った．その時の座長の先生や参加者たちの印象は非常に好意的であったが，いざオリジナル論文を投稿してみて，国内外の化学者集団の当惑や拒否の反応はすごかった．論文の骨子はその討論会のときにできていたのだが，その最初の論文 [1] が日本化学会の欧文誌 *Bulletin of the Chemical Society of Japan* (通称 Bull) に印刷になったのは丸 1 年後の 1971 年の 9 月であった．

国内での反響は冷ややかなものであったが，ちょうどその 1 年後からユーゴスラビア (現クロアチアとセルビア) を中心とした欧米諸国に，私の論文や考え方に注目をしてくれる研究者たちが姿を現し始め，次第に数理化学者のソサイエティができあがってきたのである．彼らは，topological index という私の作った Japanese English を，次第に普通名詞として使うようになり，私のトポロジカル・インデックスは Hosoya index となり，Hosoya は topological index の godfather (名付け親) にまつり上げられてしまった [2]．その結果，例の私の論文の被引用数は現在 1000 近くあり，Bull に載った論文の中での歴代 2 位を占めるに至った．私のグループの自己引用はせいぜい数十なので，1000 の中のほとんどは外国の研究者である．発表後 40 年経った今でも毎年 30～40 報の論文に引用されているのは嬉しいことである．

最近は，化学だけでなく，数学者も引用をしてくれており，Wikipedia には，“topological index”，“Hosoya index”，“Haruo Hosoya” などの項目も作られている [3]．そこを見れば，原論文，私の紹介文，私自身の書いた秘話などにアクセスできるので，興味ある読者はそこを開いてほしい．Wolfram の

MathWorld にもいくつかの項目がある．内外の数理化学の友人たちに聞いても，それらの項目作りには関与していないとのことなので，数学の人が独自の判断でやってくれたことらしい．Wikipedia の “matching” の項目，これは完全に数学分野の内容であるが，それにも私の仕事が紹介されている [4]．名誉なことである．

また私自身，トポロジカル・インデックスの化学的な意義などについては，多くの英文の総説を書いているし，『固体物理』という雑誌に，「グラフ理論の化学物理への応用」という紙上セミナーを 12 回にわたって連載したので [5]，本書では出発点である化学のことは意図的に載せなかった．また，上にあげた海外事情もあるので，日本国内の数学の人にも読んでもらいたい気持ちが強い．そういうわけで，あえて国内の化学者，数学者，それと頭脳の柔らかい若い人たちに向けて，私のライフワークの「ひと区切り」を読んでもらいたいのである．実は，つい最近，ひょんなことから，このトポロジカル・インデックスのまったく新しい化学的な局面への展開が広がりそうなので，あえて「ひと区切り」と呼ばせてもらった．このことに関しては，まだ私自身ドキドキの状態なので，残念ながら，現状ではきちんとした形で読者にそれを伝えることはできない．

では，なぜ，化学に始まった私のトポロジカル・インデックスが，数学の世界にどっぷりとはまってしまったのか．次にそれを簡単に紹介する．初等数学のいろいろな問題にトポロジカル・インデックスが関係することは前から気がついていたのだが，2002 年にお茶の水女子大学を定年退職してからは，時間の余裕ができたためか，いろいろいじくり回すと面白いことがどんどん見つかるので，まずペル方程式，続いてピタゴラスの三角形やヘロンの三角形というように，シリーズの論文を次々と書くことができたし，臆面もなくそれを数学の先生のおられるところでも話したりしているうちに，代数と幾何をつなげるトポロジカル・インデックスの伝道師のような気持ちになってきたのである．

そして，本書の構想をまとめている段階で，中村滋，飯高茂の両先生から，共立出版の「数学のかんどころ」シリーズの 1 冊にピタゴラスの三角形の話を書いたらというまことに有り難いお誘いを受け，とんとんと出版のはこびとなったのである[6].

その間には，日本評論社のほうで私の原稿はしばらく眠っていたのであるが，編集の大賀雅美・飯野玲の両氏がついに本気を出してくれて，それからは彼らとの戦いが始まった，というわけである．何しろ，こちらは，「証明などは二流の数学者のやることだ」などと自分の退官記念講義でうそぶくような，数学の素人なんてものではなく，まったくの無頼派を自認している「数学ゲリラ」なのである．それに対して彼らのほうは，数学界の厳密さと威厳を保つスタンスを一手に引き受けるような実直さで正対してくれた．

実を言うと，このあとがきを書く段階で，まだ戦いの決着はついていない．でも，私は今大変ハッピーである．最初に書いたような事情で，化学の色のまったくないようなトポロジカル・インデックスの本が今ここにできつつあるのだ．私の戦いはここまでで，本書の評価は読者諸氏にお任せするしかない．

33 年間，お茶の水女子大学で私の研究室に入ってきた百数十人の学生諸姉には，彼らの判断力を超えたトポロジカル・インデックスの洗礼を行い，多勢に無勢の戦争に巻き込んできた．彼女らには多くの戸惑いがあったとは思うが，今になって，彼女らをだまさずに済んだ，という安堵感をもって改めて彼女らへの感謝の気持ちを表明したい．同じように，長い間，私を支えながらついてきてくれた家内にも感謝である．同じ理学部の数学科のもの言わぬ図書や雑誌たちにも大変お世話になった．

でも，私が最も感謝したいと思っている方は，高校時代に本格的な数学の指導をしていただいた，当時武蔵大学の故竹田清先生である．数人の友人と一緒に私塾のような形で，入試勉強とはまったく関係ない大学の初年級レベルの講義をみっちりと叩き込まれた経験は私の生涯の宝物である．

最後に，長年私のことをここまで強くなるように鍛えてくれた，大勢のトポロジカル・インデックス無理解者にも感謝である．

2012 年 5 月　細矢治夫

あとがきの参考文献

[1] H. Hosoya, *Bull. Chem. Soc. Jpn.*, **44** (1971) 2332.

[2] A. T. Balaban, O. Ivanciuc, in *Topological Indices and Related Descriptors in QSAR and QSPR*, J. Devillers, A. T. Balaban (Eds.), Gordon & Breach, Amsterdam (1999) 21.

[3] `http://en.wikipedia.org/wiki/Topological_index` および `Hosoya_index`, `Haruo_Hosoya` など.

[4] `http://en.wikipedia.org/wiki/Matching_(graph_theory)`

[5] 細矢治夫, 『固体物理』, **32** (1997) No. 7, 549 – **33** (1998) No. 11, 901 まで 12 回.

[6] 細矢治夫, 『ピタゴラスの三角形とその数理』共立出版 (2011).

索 引

●記号・アルファベット

細矢 治夫（ほそや・はるお）

略　歴

1936 年　鎌倉に生まれる．

1964 年　東京大学化学系研究科博士課程修了．理学博士．

1969 年　お茶の水女子大学理学部化学科助教授．
同情報科学科教授を経て

現　在　お茶の水女子大学名誉教授．
日本コンピュータ化学会会長．

著書に

『化学反応の機構』（共著，東京化学同人），
『化学をつかむ』（岩波ジュニア新書），
『絵とき量子化学入門』（オーム社），
『日本文化のかたち百科』（共編，丸善），
『ピタゴラスの三角形とその数理』（共立出版），
『四角形の七不思議』（講談社ブルーバックス）
などがある．

トポロジカル・インデックス［改訂版《かいていばん》］

フィボナッチ数《すう》からピタゴラスの三角形《さんかくけい》までをつなぐ新《あたら》しい数学《すうがく》

2012 年 8 月 20 日　第 1 版第 1 刷発行
2021 年 9 月 25 日　改訂版第 1 刷発行

著　者　細　矢　治　夫

発行所　株式会社 日本評論社
〒170-8474 東京都豊島区南大塚 3-12-4
電話　(03) 3987-8621［販売］
(03) 3987-8599［編集］

印　刷　藤原印刷株式会社

製　本　株式会社難波製本

装　幀　銀山宏子

図　版　溝上千恵

ISBN978-4-535-78952-4